AF453026

AIDE-MÉMOIRE

A L'USAGE DES

ÉCOLES INDUSTRIELLES

AIDES-MONTEURS ET MONTEURS-ÉLECTRICIENS

AJUSTEURS-MÉCANICIENS, ETC.

PAR

GEORGES POELAERT

TECHNICIEN — EL.-INGÉNIEUR I. N. E.

1923

L' " AIDE-MÉMOIRE "

SE COMPOSE DE DEUX PARTIES :

1° **PARTIE MÉCANIQUE**

2° **PARTIE ÉLECTRIQUE**

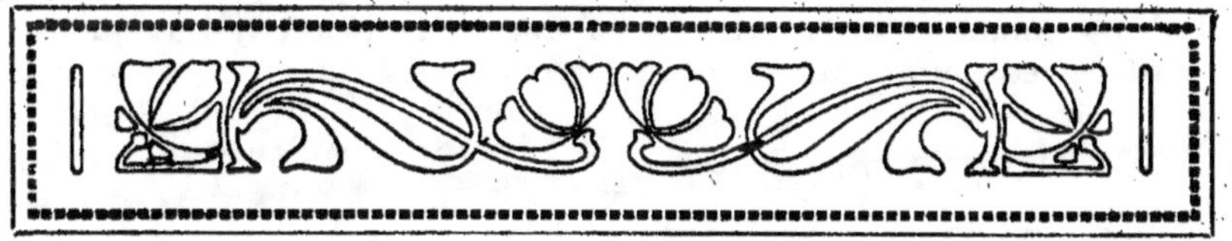

Première Partie

MÉCANIQUE

FRACTIONS

A. Addition.

1º Pour additionner des fractions qui ont le même dénominateur, on fait la somme des numérateurs, et on donne comme dénominateur, le dénominateur commun.

$$\frac{2}{7} + \frac{5}{7} + \frac{1}{7} = \frac{8}{7} = 1\frac{1}{7}$$

2º Pour faire l'addition des fractions qui n'ont pas le même dénominateur, on les réduit d'abord au même dénominateur, puis on fait la somme des nouveaux numérateurs et donne pour dénominateur, leur dénominateur commun.

$$\frac{3}{8} + \frac{1}{3} + \frac{2}{6} = \frac{9}{24} + \frac{8}{24} + \frac{8}{24} = \frac{25}{24} = 1\frac{1}{24}$$

3º Pour additionner des nombres fractionnaires, on réduit les nombres fractionnaires en fractions ordinaires, puis les réduit au même dénominateur, et fait l'addition telle qu'on l'a faite précédemment.

$$3 \frac{7}{8} + 9 \frac{1}{3} + 5 \frac{4}{6} = \frac{31}{8} + \frac{28}{3} + \frac{34}{6} =$$

$$= \frac{93}{24} + \frac{224}{24} + \frac{136}{24} = \frac{453}{24} = 18 \frac{21}{24} = 18 \frac{7}{8}$$

B. Soustraction.

1° Pour soustraire une fraction d'une autre de même dénominateur, on soustrait le plus petit numérateur du plus grand et on donne comme dénominateur, le dénominateur commun.

$$\frac{7}{8} - \frac{3}{8} = \frac{4}{8} = \frac{1}{2}$$

2° Pour soustraire une fraction d'une autre de dénominateur différent, on réduit d'abord les fractions au même dénominateur, et la soustraction se fait comme ci-dessus.

$$\frac{5}{6} - \frac{3}{5} = \frac{25}{30} - \frac{18}{30} = \frac{7}{30}$$

3° Pour soustraire un nombre fractionnaire d'un nombre fractionnaire, on soustrait successivement chacune des parties du plus petit nombre, des parties correspondantes du plus grand, et l'on réunit les résultats obtenus.

$$7 \frac{5}{6} - 4 \frac{3}{5} = 7 \frac{25}{30} - 4 \frac{18}{30} = 3 \frac{7}{30}$$

4° Si la fraction du nombre à soustraire est plus grande que la fraction du nombre dont on soustrait, on augmente celle-ci, après la réduction des fractions au même dénominateur, d'une unité réduite en partie de même espèce, et on augmente d'une unité la partie entière du second nombre.

$$10 \frac{2}{7} - 7 \frac{3}{4} = 10 \frac{8}{28} - 7 \frac{21}{28} = 10 \frac{36}{28} - 8 \frac{21}{28} = 2 \frac{15}{28}$$

ou bien :

$$10 \frac{2}{7} - 7 \frac{3}{4} = 10 \frac{8}{28} - 7 \frac{21}{28} = 9 \frac{36}{28} - 7 \frac{21}{28} = 2 \frac{15}{28}$$

C. Multiplication.

1° Pour multiplier une fraction par une autre, on multiplie les numérateurs entre eux ainsi que les dénominateurs.

$$\frac{3}{5} \times \frac{3}{8} = \frac{9}{40}$$

2° Pour multiplier une fraction par un nombre entier, il faut multiplier le numérateur par le nombre entier, et donner comme dénominateur, celui de la fraction :

$$\frac{9}{12} \times 2 = \frac{18}{12} = 1\,\frac{6}{12} = 1\,\frac{1}{2}$$

3° Pour multiplier un nombre par une fraction, on procède de la même façon, comme ci-dessus.

$$3 \times \frac{4}{5} = \frac{12}{5} = 2\,\frac{2}{5}$$

4° Pour multiplier un nombre fractionnaire par un nombre entier, il faut réduire le nombre fractionnaire en fraction ordinaire et puis procéder à la même opération, comme ci-dessus.

$$7\,\frac{3}{4} \times 8 = \frac{31}{4} \times 8 = \frac{248}{4} = 62$$

5° Pour multiplier un nombre entier par un nombre fractionnaire, il faut réduire celui-ci en fraction équivalente, puis procéder comme au n° 4.

6° Pour multiplier un nombre fractionnaire par un autre, réduisez-les en fractions ordinaires, et multipliez comme au n° 1.

$$2\,\frac{1}{4} \times 3\,\frac{2}{5} = \frac{9}{4} \times \frac{17}{5} = \frac{153}{20} = 7\,\frac{13}{20}$$

D. — Division.

1° Pour diviser une fraction par une autre, on multiplie la première fraction par la seconde renversée.

$$\frac{3}{8} : \frac{1}{7} = \frac{3}{8} \times \frac{7}{1} = \frac{21}{8} = 2\,\frac{5}{8}$$

2° Pour diviser une fraction par un nombre entier, il faut multiplier le nombre entier avec le dénominateur de la fraction et donner au produit le numérateur de la fraction.

$$\frac{7}{8} : 3 = \frac{7}{8 \times 3} = \frac{7}{24}$$

3° Pour diviser un nombre entier par une fraction, il faut multiplier le nombre entier par la fraction renversée du diviseur.

$$7 : \frac{3}{5} = 7 \times \frac{5}{3} = \frac{35}{3} = 11\frac{2}{3}$$

4° Pour diviser un nombre fractionnaire par un nombre entier, on réduit le nombre fractionnaire en fraction ordinaire et on fait comme au n° 2.

$$3\frac{2}{4} : 5 = \frac{14}{4} : 5 = \frac{14}{4 \times 5} = \frac{14}{20} = \frac{7}{10}$$

5° Pour diviser un nombre entier par un nombre fractionnaire, on réduit celui-ci en fraction ordinaire et on procède comme au n° 3.

$$3 : 1\frac{3}{5} = 3 : \frac{8}{5} = 3 \times \frac{5}{8} = \frac{15}{8} = 1\frac{7}{8}$$

6° Pour diviser un nombre fractionnaire par un autre, il faut les réduire en fractions ordinaires, puis procéder comme au n° 1.

$$3\frac{7}{8} : 2\frac{3}{4} = \frac{31}{8} : \frac{11}{4} = \frac{31}{8} \times \frac{4}{11} = \frac{124}{88} = 1\frac{36}{88} = 1\frac{9}{22}$$

MESURES METRIQUES

Mesures de longueur.

1 myriamètre	=	10.000 mètres.
1 kilomètre	=	1.000 —
1 hectomètre	=	100 —
1 décamètre	=	10 —
1 mètre	=	10 décimètres.
1 —	=	100 centimètres.
1 — . :	=	1.000 millimètres.
1 décimètre	=	10 centimètres.
1 —	=	100 millimètres.
1 centimètre	=	10 millimètres.

Mesures de surface.

1 myriamètre carré	=	100.000.000 m².
1 kilomètre —	=	1.000.000 m².
1 hectomètre —	=	10.000 m².
1 décamètre —	=	100 m².
1 mètre —	=	100 dm².
1 — —	=	10.000 cm².
1 — —	=	1.000.000 mm².
1 décimètre —	=	100 cm².
1 — —	=	10.000 mm².
1 centimètre —	=	100 mm².

1 Ha = 100 a = 10.000 ca = 10.000 m².
1 a = 100 ca = 100 m².
1 ca = 1 m².

Mesures de volumes.

1 myriamètre cube	=	1.000.000.000.000 m³.
1 kilomètre —	=	1.000.000.000 m³.
1 hectomètre —	=	1.000.000 m³.
1 décamètre —	=	1.000 m³.
1 mètre —	=	1.000 dm³.
1 — —	=	1.000.000 cm³.
1 — —	=	1.000.000.000 mm³.
1 décimètre —	=	1.000 cm³.
1 — —	=	1.000.000 mm³.
1 centimètre —	=	1.000 mm³.

Mesures de capacités.

1 myrialitre	=	10.000 litres.
1 kilolitre	=	1.000 —
1 hectolitre	=	100 —
1 décalitre	=	10 —
1 litre	=	10 décilitres.
1 —	=	100 centilitres.
1 —	=	1.000 millilitres.
1 décilitre	=	10 centilitres.
1 —	=	100 millilitres.
1 centilitre.	=	10 millilitres.
1 dm³.	=	1 litre.
1 stère	=	1 m³.
1 décastère	=	10 stères.
1 stère	=	10 décistères.

Poids.

1 kilogramme	=	1 litre = 1 dm³.
1 décagramme	=	10 grammes.
1 hectogramme	=	100 —
1 kilogramme	=	1.000 —
1 myriagramme.	=	10.000 —
1 quintal	=	100.000 —
1 tonne marine	=	1.000.000 —
1 gramme	=	10 décigrammes.
1 —	=	100 centigrammes.
1 —	=	1.000 milligrammes.
1 décigramme	=	10 centigrammes.
1 —	=	100 milligrammes.
1 centigramme	=	10 milligrammes.

MONNAIES BELGES

Une pièce de	1 fr.	en argent	pèse	5	grammes.
—	2 fr.	—	—	10	—
—	5 fr.	—	—	25	—
—	0 fr. 50	—	—	2,5	—
—	20 fr.	en or	—	6,45161	—
—	10 fr.	—	—	3,22580	—
—	5 fr.	—	—	1,61290	

MESURES ANGLAISES

ABRÉV.	DÉSIGNATION	MULTIPLES	VALEUR EN mesur. métr.

Mesures de longueur.

			mètres
In..........	Inch		0.0254
Ft..........	Foot (plur. Feet.)	12 in.	0.30479
Yd..........	Yard	3 Ft	0.91438
Foth......	Fathom	2 yds.	1.82877
	Pole	5,5 yds.	5.02911
	Furlong	220 yds.	201.16439
Mi..........	Mile	1.760 yds.	1609.3149
	Seamile	3.454 mi	5558. —
	Nœud		1852. —

Mesures de surface.

			m²
	Square in		0.000645
	— Ft	144 square in.	0.0929
	— Yd	9 — Ft	0.8360
	— pole	30 1/4 — yd	25.30
	Rood	1210 — yd	1011.68
	Acre	4840 — yd	4047. —

Mesures de volumes.

			m³
	Cubic Inch		0.000016
	— foot	1728 cub. inch.	0.028315
	— yard	27 — ft	0.764513
	Seaton	40 — —	1.132
	Load	50 — —	1.145
	Cubic fathom	216 — —	6.116

Poids. — 1º Poids appelé « Troy weight ».

			grammes
	Grain		0.065
	Penny weight	24 grains	1.555
	Ounce	20 penny w.	31.103
	Troy pound	12 onces	373.242

ABRÉV.	DÉSIGNATION	MULTIPLES	VALEUR EN mesur. métr.

2° Poids ordinaires, nommé « Avoir du pois weight ».

			kgr.
Dr.........	Dram.		0.001772
On.........	Ounce	16 dr.	0.028349
Lz.........	Avoir-du-pois pound .	16 on.	0.453593
St.........	Stone	14 lb	6.35
Qr.........	Quarter	2 st.	12.7
Cwt........	Hundred weight ou cwt	4 qr.	50.802
T............	Tonne.	20 cwt.	1016.047

Mesures de capacités.

			litres
	Gill.		0.1420
Pt.........	Pint	4 gills	0.5679
Q^t.........	Quart.	2 pts	1.1359
Gal........	Gallon	4 qts. . . .	4.5345
Pek........	Peck	2 gals	9.0869
Bu.........	Bushel	4 pecks. . . .	36.3477
	Sack	3 bush	109.0430
	Quarter	8 bush.. . . .	290.7813
	Chaldron	12 sacks. . . .	1308.5160

Dans le commerce : le cwt = 50 3/4 kg. ; Tonne = 1015 kg.

Réduction de Pieds anglais en Mesures métriques.

Pieds anglais	Mesures métriques	Pieds anglais	Mesures métriques
1	0^{m}3048	6	1^{m}8287
2	0.6096	7	2.1335
3	0.9144	8	2.4383
4	1.2192	9	2.7431
5	1.5240	10	3.0479

Réduction de Mesures anglaises en Mesures métriques.

Pied anglais = 12 pouces.
Pouce — = 8 lignes.

Pouces	Millimètres	Pouces	Millimètres	Pouces	Millimètres
1/16	1.6	1 3/4	44.4	5 3/4	146
1/8	3.17	1 13/16	46	6	152.4
3/16	4.8	1 7/8	47.6	6 1/4	158.8
1/4	6.3	1 15/16	49.2	6 1/2	165.1
5/16	7.9	2	50.8	6 3/4	171.4
3/8	9.5	2 1/8	54	7	177.8
7/16	11.1	2 1/4	57.2	7 1/4	184.1
1/2	12.7	2 3/8	60.3	7 1/2	190.5
9/16	14.3	2 1/2	63.5	7 3/4	196.8
5/8	15.9	2 5/8	66.7	8	203.2
11/16	17.5	2 3/4	69.9	8 1/4	209.5
3/4	19	2 7/8	73	8 1/2	215.9
13/16	20.6	3	76.2	8 3/4	222.2
7/8	22.2	3 1/8	79.4	9	228.6
15/16	23.8	3 1/4	82.6	9 1/4	234.9
8/8 ou 1 P^{ce}	25.4	3 3/8	85.7	9 1/2	241.3
1 1/16	27	3 1/2	88.9	9 3/4	247.6
1 1/8	28.6	3 5/8	92.1	10	254
1 3/16	30.2	3 3/4	95.2	10 1/4	260.3
1 1/4	31.8	3 7/8	98.4	10 1/2	266.7
1 5/16	33.3	4	101.6	10 3/4	273
1 3/8	34.9	4 1/4	108.0	11	279.4
1 7/16	36.5	4 1/2	114.3	11 1/4	285.7
1 1/2	38.1	4 3/4	120.6	11 1/2	292.1
1 9/16	39.7	5	127.0	11 3/4	298.4
1 5/8	41.3	5 1/4	133.3	12	304.8
1 11/16	42.9	5 1/2	139.7	12 1/4	311.1

Réduction de Poids anglais en kilogrammes employés dans le Commerce.

Onces	Grammes	Livres	Kilogr.	Quarters	Kilogr.	Quintaux	Kilogr.	Tonnes	Kilogr.
1	28	1	0.453	1	12.695	1	50.78	1	1015
2	57	2	0.906	2	25.391	2	101.56	2	2030
3	85	3	1.360	3	38.087	3	152.34	3	3045
4	113	4	1.813			4	203.12	4	4060
5	142	5	2.267			5	253.91	5	5075
6	170	6	2.720			6	304.69	6	6090
7	198	7	3.175			7	355.47	7	7105
8	227	8	3.627			8	406.25	8	8120
9	255	9	4.080			9	457.04	9	9135
10	283	10	4.534			10	507.82	10	10150
11	312	11	4.987			11	558.60		
12	340	12	5.440			12	609.38		
13	368	13	5.894			13	660.17		
14	397	14	6.347			14	710.90		
15	425	15	6.801			15	761.73		
		16	7.254			16	812.51		
		17	7.708			17	863.30		
		18	8.161			18	914.08		
		19	8.614			19	964.86		
		20	9.068						
		21	9.521						
		22	9.975						
		23	10.428						
		24	10.882						
		25	11.335						
		26	11.788						
		27	12.242						

16 onces = 1 livre. 20 quint. = 1 tonne.

28 livres = 1 quarter. 4 quarters = 1 quintal.

Réduction de Kilogrammes par cm² en Livres anglaises par pouce².

Livres par pouce²	Kilogrammes par cm²	Kilogr. par cm²	Livres par pouce²
10	0.703	1	14.223
20	1.406	1.5	21.334
30	2.109	2	28.446
40	2.812	2.5	35.557
50	3.515	3	42.668
60	4.219	3.5	49.780
70	4.922	4	56.891
80	5.625	4.5	64.003
90	6.328	5	71.114
100	7.031	5.5	78.225
110	7.734	6	85.337
120	8.437	6.5	92.448
130	9.140	7	99.560
140	9.843	7.5	106.671
150	10.546	8	113.783
160	11.249	8.5	120.894
170	11.953	9	128.005
180	12.656	9.5	135.117
190	13.359	10	142.228
200	14.062		

VALEUR DE π

$$\pi = 3.1415926536.$$

$$\frac{1}{\pi} = 0.3183098862.$$

$$\pi^2 = 9.8696.$$

$$\pi^3 = 31.0063.$$

$$\frac{\pi}{4} = 0.78539816.$$

$$\sqrt{\pi} = 1.772453850.$$

$$g = 9.81 \text{ (accélér. due à la pesanteur).}$$

$$g^2 = 96.2361.$$

$$\sqrt{g} = 3.13209$$

$$\pi\sqrt{g} = 9.83974.$$

$$\pi\sqrt{2g} = 13.91536.$$

$$\frac{\pi}{\sqrt{2g}} = 0.709258.$$

π : on prend généralement 3.14.

TABLEAU POUR LA VALEUR DE

$$\sqrt{n} \qquad \sqrt[3]{n} \qquad n^2 \qquad n^3 \qquad n\,\pi \qquad 1/4\,n^2\,\pi \qquad \frac{1000}{n}$$

des nombres de 1 à 100.

n	$\sqrt{n}$	$\sqrt[3]{n}$	n^2	n^3	$n\,\pi$	$1/4\,n^2\,\pi$	$\dfrac{1000}{n}$
1	1.0000	1.0000	1	1	3.142	0.785	1000.000
2	1.4142	1.2599	4	8	6.283	3.142	500.000
3	1.7321	1.4422	9	27	9.426	7.069	333.333
4	2.0000	1.5874	16	64	12.566	12.566	250.000
5	2.2361	1.7100	25	125	15.708	19.635	200.000
6	2.4495	1.8171	36	216	18.850	28.274	166.667
7	2.6458	1.9129	49	343	21.991	38.485	142.857
8	2.8284	2.0000	64	512	25.133	50.266	125.000
9	3.0000	2.0801	81	729	28.274	63.617	111111
10	3.1623	2.1544	100	1000	31.416	78.540	100000
11	3.3166	2.2240	121	1331	34.558	95.033	90.909
12	3.4641	2.2894	144	1728	37.699	113.097	83.333
13	3.6056	2.3513	169	2197	40.841	132.732	76.923
14	3.7417	2.4101	196	2744	43.982	153.938	71.429
15	3.8730	2.4662	225	3375	47.124	176.715	66.667
16	4.0000	2.5198	256	4096	50.265	201.062	62.500
17	4.1231	2.5713	289	4913	53.407	226.980	58.824
18	4.2426	2.6207	324	5832	56.549	254.469	55556
19	4.3589	2.6684	361	6859	59.690	283.529	52.632
20	4.4721	2.7144	400	8000	62.832	314.159	50.000
21	4.5826	2.7589	441	9261	65.973	346.361	47.619
22	4.6904	2.8020	484	10648	69.115	380.133	45.455
23	4.7958	2.8439	529	12167	72.257	415.476	43.478
24	4.8990	2.8845	576	13824	75.398	452.389	41.667
25	5.0000	2.9240	625	15625	78.540	490.874	40.000
26	5.0990	2.9625	676	17576	81.681	530.929	38.462
27	5.1962	3.0000	729	19683	84.823	572.555	37.037
28	5.2915	3.0366	784	21952	87.965	615.752	35.714
29	5.3852	3.0723	841	24389	91.106	660.520	34.483
30	5.4772	3.1072	900	27000	94.248	706.858	33.333
31	5.5678	3.1414	961	29791	97.389	754.768	32.258
32	5.6569	3.1748	1024	32768	100.53	804.248	31.250
33	5.7446	3.2075	1089	35937	103.67	855.299	30.303
34	5.8310	3.2396	1156	39304	106.81	907.920	29.412
35	5.9161	3.2711	1225	42875	109.96	962.113	28.571
36	6.0000	3.3019	1296	46656	113.10	1017.88	27.778
37	6.0828	3.3322	1369	50653	116.24	1075.21	27.027
38	6.1644	3.3620	1444	54872	119.38	1134.11	26.316
39	6.2450	3.3912	1521	59319	122.52	1194.59	25.641
40	6.3246	3.4200	1600	64000	125.66	1256.64	25.000
41	6.4031	3.4482	1681	68921	128.81	1320.25	24.390
42	6.4807	3.4760	1764	74088	131.95	1385.44	23.810
43	6.5574	3.5034	1849	79507	135.09	1452.20	23.256
44	6.6332	3.5303	1936	85184	138.23	1520.53	22.727
45	6.7082	3.5569	2025	91125	141.37	1590.43	22.222
46	6.7823	3.5830	2116	97336	144.51	1661.90	21.739
47	6.8557	3.6088	2209	103823	147.65	1734.94	21.277

n	$\sqrt{n}$	$\sqrt[3]{n}$	n^2	n^3	$n\pi$	$1/4\,n^2\,\pi$	$\dfrac{1000}{n}$
48	6.9282	3.6342	2304	110592	150.80	1809.56	20.833
49	7.0000	3.6593	2401	117649	153.94	1885.74	20.408
50	7.0711	3.6840	2500	125000	157.08	1963.50	20.000
51	7.1414	3.7084	2601	132651	160.22	2042.82	19.608
52	7.2111	3.7325	2704	140608	163.36	2123.72	19.231
53	7.2801	3.7563	2809	148877	166.50	2206.18	18.868
54	7.3485	3.7798	2916	157464	169.65	2290.22	18.519
55	7.4162	3.8030	3025	166375	172.79	2375.83	18.182
56	7.4833	3.8259	3136	175616	175.93	2463.01	17.857
57	7.5498	3.8485	3249	185193	179.07	2551.76	17.544
58	7.6158	3.8709	3364	195112	182.21	2642.08	17.241
59	7.6811	3.8930	3481	205379	185.35	2733.97	16.949
60	7.7460	3.9149	3600	216000	188.50	2827.43	16.667
61	7.8102	3.9365	3721	226981	191.64	2922.47	16.393
62	7.8740	3.9579	3844	238328	194.78	3019.07	16.129
63	7.9373	3.9791	3969	250047	197.92	3117.25	15.873
64	8.0000	4.0000	4096	262144	201.06	3216.99	15.625
65	8.0623	4.0207	4225	274625	204.20	3318.31	15.385
66	8.1240	4.0412	4356	287496	207.35	3421.19	15.152
67	8.1854	4.0615	4489	300763	210.49	3525.65	14.925
68	8.2462	4.0817	4624	314432	213.63	3631.68	14.706
69	8.3066	4.1016	4761	328509	216.77	3739.28	14.493
70	8.3666	4.1213	4900	343000	219.91	3848.45	14.286
71	8.4261	4.1408	5041	357911	223.05	3959.19	14.085
72	8.4853	4.1602	5184	373248	226.19	4071.50	13.889
73	8.5440	4.1793	5329	389017	229.34	4185.39	13.699
74	8.6023	4.1983	5476	405224	232.48	4300.84	13.514
75	8.6603	4.2172	5625	421875	235.62	4417.86	13.333
76	8.7178	4.2358	5776	438976	238.76	4536.46	13.158
77	8.7750	4.2543	5929	456533	241.90	4656.63	12.987
78	8.8318	4.2727	6084	474552	245.04	4778.36	12.821
79	8.8882	4.2908	6241	493039	248.19	4901.67	12.658
80	8.9443	4.3089	6400	512000	251.33	5026.55	12.500
81	9.0000	4.3267	6561	531441	254.47	5153.00	12.346
82	9.0554	4.3445	6724	551368	257.61	5281.02	12.195
83	9.1104	4.3621	6889	571787	260.75	5410.61	12.048
84	9.1652	4.3795	7056	592704	263.89	5541.77	11.905
85	9.2195	4.3968	7225	614125	267.04	5674.50	11.765
86	9.2736	4.4140	7396	636056	270.18	5808.80	11.628
87	9.3274	4.4310	7569	658503	273.32	5944.68	11.494
88	9.3808	4.4480	7744	681472	276.46	6082.12	11.364
89	9.4340	4.4647	7921	704969	279.60	6221.14	11.236
90	9.4868	4.4814	8100	729000	282.74	6361.73	11.111
91	9.5394	4.4979	8281	753571	285.88	6503.88	10.989
92	9.5917	4.5144	8464	778688	289.03	6647.61	10.870
93	9.6437	4.5307	8649	804357	292.17	6792.91	10.753
94	9.6954	4.5468	8836	830584	295.31	6939.78	10.638
95	9.7468	4.5629	9025	857375	298.45	7088.22	10.526
96	9.7980	4.5789	9216	884736	301.59	7238.23	10.417
97	9.8489	4.5947	9409	912673	304.73	7389.81	10.309
98	9.8995	4.6104	9604	941192	307.88	7542.96	10.204
99	9.9499	4.6261	9801	970299	311.02	7697.69	10.101
100	10.0000	4.6416	10000	1000000	314.16	7853.98	10.000

Extraire la Racine carrée d'un nombre.

Pour extraire la racine carrée d'un nombre entier, on divise ce nombre en tranches de deux chiffres en commençant par la droite ; puis on extrait la racine carrée du nombre formé par la première tranche à gauche ; on fait le carré de cette première racine, et on place le nombre ainsi obtenu en dessous de la première tranche à gauche et on soustrait ; à côté de ce reste on écrit la deuxième tranche, qui forme donc le nombre 214. On sépare par une virgule un chiffre à droite, le 4. On divise alors 21 par le double du chiffre de la racine qui est 1 et qui devient 2 ; donc 2 en 21 = 10 environ, on ne dépasse jamais 9 ; prenons ici 7. A côté de 2 on écrit 7, ce qui forme 27 et ce nombre on le multiplie par la racine supposée, donc $27 \times 7 = 189$, qui peut donc être déduit de 214 ; cette opération faite, on écrit ce nombre 7 à côté du 1 et on obtient la deuxième racine ; et il suffit de continuer l'opération jusqu'à épuisement complet des tranches.

EXEMPLE :

Soit à extraire la Racine carrée de :

```
3.14,15,92,  |  1772
1            |  ____________________________
___          |   27   |   347   |   3542
21.4         |    7   |     7   |      2
18.9         |  ______|_________|__________
             |  189   |  2429   |   7084
  2515
  2429
  ____
   8692
   7084
   ____
   1608
```

Donc, la $\sqrt{3141592} = 1772$ à 1 unité près par défaut.

Pour extraire la racine carrée d'un nombre à $\dfrac{1}{10}$, $\dfrac{1}{100}$ près par défaut, on multiplie le nombre par le carré du dénominateur de la fraction, puis on extrait la racine.

Le quotient obtenu, on le divise par le dénominateur de la fraction, et on a la racine à $\dfrac{1}{10}$, $\dfrac{1}{100}$, etc., près par défaut.

EXEMPLE :

A extraire la $\sqrt{\quad}$ 37.249675 à $\dfrac{1}{100}$ près par défaut :

et on a :   100 × 100 = 10000

Donc   37. 249675 × 10000 = 372496.75 et la $\sqrt{\quad}$ = 6,10.

Extraction de la Racine cubique d'un nombre.

Pour extraire la $\sqrt[3]{\quad}$ (racine cubique) d'un nombre, on partage le nombre en tranches de 3 chiffres en commençant par la droite ; puis on extrait la racine cubique de la 1re tranche à gauche.

On fait le cube du 1er chiffre trouvé et on le soustrait de la première tranche à gauche ; à droite du reste on écrit la deuxième tranche, on sépare deux chiffres à droite et on cherche le quotient de la partie à gauche de la virgule.

Pour trouver la 2me racine, on fait le triple carré du premier chiffre trouvé, puis on divise la tranche à gauche de la virgule du reste par ce triple carré de la racine.

Pour vérifier ce nombre, on procède de la façon suivante :

A la racine existante à droite du chiffre, on ajoute un 0, le nombre ainsi formé on en fait le triple carré ; au produit on ajoute le triple produit du nombre formé par le quotient, puis on ajoute le quotient au carré ; on fait la somme de ces 3 produits ; cette somme multipliée par le quotient doit donner un nombre plus petit que le reste, c'est-à-dire que celui dont on doit le soustraire. S'il est plus élevé, il faut diminuer le quotient et recommencer l'opération.

EXEMPLE :

à extraire la $\sqrt[3]{\quad}$ 3142857

$$
\begin{array}{l|l|l}
\begin{array}{l}
3.142.857 \\
1 \\
\hline
2142 \\
1744 \\
\hline
398857 \\
368136 \\
\hline
30721
\end{array}
&
\begin{array}{l}
146 \\
\hline
1^2 \times 3 = 3 \\
21 : 3 = 7 \\
\hline
3 \times 10^2 = 300 \\
3 \times 10 \times 7 = 210 \\
 7^2 = 49 \\
\hline
 559 \\
 7 \\
\hline
 3913 \\
\hline
\text{trop fort}
\end{array}
&
\begin{array}{l}
14^2 \times 3 = 588 \\
3988 : 588 = 6 \\
\hline
3 \times 140^2 = 58800 \\
3 \times 140 \times 6 = 2520 \\
 6^2 = 36 \\
\hline
 61356 \\
 6 \\
\hline
 368136
\end{array}
\end{array}
$$

(*Voir la racine exacte à la page 20.*)

Diminuons et prenons 4 au lieu de 7, et on a :

$$3 \times 10^2 = 300$$
$$3 \times 10 \times 4 = 120$$
$$4^2 = 16$$

$$436$$
$$4$$

Bon. 1744

Pour trouver la racine cubique à $\dfrac{1}{10}$, $\dfrac{1}{100}$, etc., près par défaut, on multiplie le nombre par le CUBE du dénominateur, puis on procède comme pour la racine carrée.

FORMULES, SURFACES ET VOLUMES

Circonférence = Ci ; Longueur = l ; Largeur = L ;
Hauteur = H ; Surface = S ; Volume = V ; Cercle = C ;
Rayon = R ; Diamètre = D ; Apothème = Ap. ; Périmètre = P ;
Grande base = B ; Petite base = b ; Petit rayon = r ;
Petit diamètre = d.

Carré.

$$P = 4 \text{ côtés.}$$
$$S = B \times H.$$
$$\text{Côté} = \sqrt{S.}$$

Pour trouver la diagonale d'un carré, il suffit de multiplier la longueur d'un côté par la racine carrée de 2, et on a :

$$1 \text{ côté} \times \sqrt{2} = 1 \text{ côté} \times 1.4142$$

Cube.

S totale = la surface d'un côté multipliée par le nombre de côtés.

Donc S totale = 6 côtés ^{2}

$V = 1 \times L \times H$

L = V : Surface d'un côté : (1 × H)

1 = V : Surface d'un côté : (L × H)

H = V : Surface d'un côté : (1 × L)

Rectangle.

$$P = 2\,1 + 2\,L$$
$$S = 1 \times L$$

Triangle.

$$S = B \times \frac{H}{2}$$

$$B = S : \frac{H}{2}$$

$$H = 2\,S \: : \: B$$

La surface du même triangle, ne connaissant pas la hauteur, est égale à ce qui suit :

De la ½ somme des 3 côtés, on déduit chaque côté ; puis on effectue le produit des restes obtenus par le ½ P.

La racine carrée de ce produit est la surface du triangle :

$$S = \frac{P}{2}\left(\frac{P}{2} - 1\ \text{côté}\right)\left(\frac{P}{2} - \text{le 2}^{e}\ \text{côté}\right)\left(\frac{P}{2} - \text{le 3}^{e}\ \text{côté}\right)$$

et en extrayant la racine carrée, on obtient l'expression :

$$S = \sqrt{\frac{P}{2}\left(\frac{P}{2} - 1\ \text{côté}\right)\left(\frac{P}{2} - \text{le 2}^{e}\ \text{côté}\right)\left(\frac{P}{2} - \text{le 3}^{e}\ \text{côté}\right)}$$

Triangle équilatéral.

La surface d'un triangle équilatéral dont on ne connaît que le côté :

$$S = B \times \frac{H}{2}$$

Or, la Hauteur d'un triangle équilatéral :

$$H = \frac{1 \text{ côté}}{2} \times \sqrt{3}$$

$$\sqrt{3} = 1.73205$$

donc

$$S = \frac{B \times \dfrac{1 \text{ côté}}{2} \times \sqrt{3}}{2}$$

mais

$$S = \frac{B}{2} \times \frac{1 \text{ côté}}{2} \times \sqrt{3}$$

d'où on a

$$S = \frac{B \times 1 \text{ côté}}{4} \sqrt{3} \quad \text{ou} \quad \frac{1 \text{ côté}^2}{4} \sqrt{3}$$

Lorsqu'on unit les sommets d'un triangle par 3 droites aux côtés opposés, elles se rencontrent en un point distancé à 1/3 du côté du triangle.

Losange.

$$S = B \times H$$

$$B = S : H \qquad\qquad H = S : B$$

mais S est aussi égale à :

$$S = \frac{\text{grande diagonale} \times \text{petite diagonale}}{2}$$

$$\text{Grande diagonale} = \frac{2 S}{\text{petite diagonale}}$$

$$\text{Petite diagonale} = \frac{2 S}{\text{grande diagonale}}$$

Trapèze.

$$S = \frac{B + b}{2} \times H$$

$$(B + b) = 2\ S : H\ ;\ H = 2\ S : (B + b)\ ;\ B = (2\ S : H) - b$$
$$b = (2\ S : H) - B$$

Parallélogramme.

$$S = B \times H$$
$$B = S : H$$
$$H = S : B$$

Polygone régulier.

P = à la longueur d'un côté × par le nombre des côtés.
S = à la moitié des côtés × par l'Ap.

$$S = \frac{\text{n. de côtés}}{2} \times \text{Ap.}$$

ou bien :

Le Rayon forme le côté d'un triangle, ayant comme base un côté du P ; Donc il y a autant de triangles que de bases (côtés du polygone).

Donc la S du triangle $= à \dfrac{H}{2} \times B$ et réciproquement ;

et on a :

$$S = B \times \frac{H}{2} \quad \text{ou} \quad S = \frac{\text{Ap.}}{2} \times B$$

ou bien :

$$S = \frac{1\ \text{côté}^2}{4} \times \sqrt{3} \times n$$

Prisme.

Surface latérale = Périmètre d'une base × par la hauteur entre les bases.

$$S = P \times H$$

Pour trouver la surface d'un prisme tronqué, il faut multiplier le périmètre par la moyenne des arêtes.

Développement d'un polyèdre.

On appelle « développement d'un polyèdre », la décomposition des côtés latéraux en surface plane rectangle ; alors pour trouver la surface, il suffit de multiplier la somme des différents côtés par la hauteur :

$$S = n + c \times H$$

Volume d'un prisme.

$$V = S \text{ de sa base} \times H$$

Pyramide.

La surface latérale $= P \times \dfrac{H}{2}$.

Ne connaissant que la hauteur perpendiculaire, il faut d'abord chercher la hauteur latérale qu'on obtient par la formule suivante :

H latérale $= \sqrt{H^2 \text{ perpendiculaire} + \text{la droite}^2 \text{ perpendiculaire}}$
au pied de la précédente.

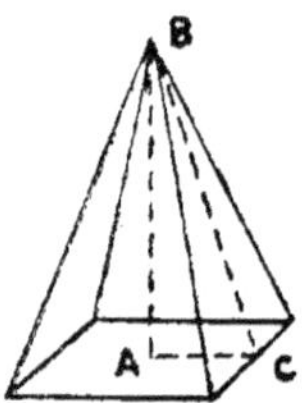

et on a :
$$B C = \sqrt{AB^2 + AC^2}$$
$$V = \text{Surface de sa base} \times \dfrac{H}{3}$$

Pyramide tronquée.

La surface latérale $=$ à la somme des surfaces latérales des trapèzes latéraux.

$$S = \dfrac{B + b}{2} \times H \text{ (une surface latérale)}$$

La surface totale = à la surface latérale + celles des bases.

$$V = (B + b + \sqrt{B \times b})\, \frac{H}{3}$$

Donc le volume = à la surface de la grande base + celle de la petite + la moyenne entre les deux bases ; la somme obtenue multipliée par le 1/3 de la hauteur.

Cercle.

$$Ci = D \times \pi = 2\,R\,\pi$$
$$S = R \times R \times \pi = R^2 \times \pi$$

Connaissant la circonférence :

$$D = C : \pi \; ; \; R = \frac{C : \pi}{2}$$

Donc :

$$2\,R = \frac{C}{\pi}$$

$$S = \frac{C}{\pi} : 4 \times 2\,\pi\,R$$

ou

$$S = 2\,\pi\,R \times \frac{D}{4} \qquad \text{ou} \qquad S = \pi\,R^2$$

ou

$$S = 2\,\pi\,R \times \frac{R}{2}$$

Ellipse.

Le P d'une ellipse est égal :

$$P = \frac{(D + d)\,\pi}{2}$$

$$S = \frac{D + d \times \pi}{4} = D + d \times 0.7854$$

Surface d'une Couronne.

$$S = \pi\,(R^2 - r^2)$$

Or $R^2 - r^2$ provient de $(R + r)\,(R - r)$;

Par conséquent :

$$S = \pi\,(R + r)\,(R - r)$$

Secteur de Cercle.

$S =$ au produit de la longueur de l'Arc par la moitié du Rayon :

$$S = \text{Arc} \times \frac{R}{2}$$

ou bien :

$$S = \pi\,R^2 \times \frac{\text{Arc}}{360°}$$

Cylindre.

S latérale $= P \times H.$
S totale $= S$ des bases $+$ celle du côté latéral.
$V = S$ de la base $\times H.$

Cylindre tronqué.

Le volume d'un cylindre tronqué $=$ au produit de la surface de sa base par la moyenne de sa grande et de sa petite hauteur :

$$V = \pi\,R^2 \times \frac{H + h}{2}$$

Cône.

La surface latérale $=$

$$S \text{ latérale} = P \times \frac{H}{2}$$

ou bien :

$$S \text{ latérale} = P \times \frac{R}{2}$$

Cône tronqué.

La surface latérale = au produit de la demi-somme des circonférences (2 bases) par l'Ap. :

$$\text{S latérale} = \frac{Ci + Ci}{2} \times Ap.$$

Le volume = au produit de la « somme des surfaces de la grande et petite bases + la moyenne du produit des 2 bases » par le 1/3 de la hauteur :

$$V = (B + b + \sqrt{B \times b}) \, \frac{H}{3}$$

Sphère.

$$S = \pi \, R^2 \times 4$$

ou

$$S = 2 \times \pi \, R \times 2 \, R$$

$$R = \sqrt{\frac{S}{4 \, \pi}}$$

$$V = S \times \frac{1}{3} \, R$$

On a :

$$S = \pi \, R^2 \, 4$$

Donc :

$$V = \pi \, R^2 \, 4 \times \frac{R}{3} = \frac{4 \, \pi \, R^3}{3}$$

Prenant le diamètre :

$$V = \frac{1}{6} \, \pi \, D^3$$

Ces deux formules sont équivalentes :

$$R^3 = \frac{D^3}{8}$$

Donc :

$$V = \frac{4}{3} \, \pi \, R^3 = \frac{4}{3} \, \pi \, \frac{D^3}{8} = \frac{1}{3} \, \pi \, \frac{D^3}{2} = \frac{1}{3 \times 2} \, \pi \, D^3$$

ou bien :

$$V = \frac{1}{6} \, \pi \, D^3$$

Capacité d'un fût.

Le plus grand diamètre est au milieu. La somme des 2/3 du ⌀ du couvercle et 1/3 du diamètre du fond = au diamètre du milieu.

$$\text{Rayon} = \frac{D}{2}$$

$$R^2 \, \pi = \text{la surface moyenne.}$$

EXEMPLE :

Diamètre du fond . . . . = 48 cm

— du couvercle. . . . . = 60 cm

Hauteur . . . . = 80 cm

Diamètre moyen 40 + 16 . . . . . . = 56 cm

La surface moyenne :

$$28^2 \, \pi = 2461.76 \text{ cm}^2$$

$$V = 28^2 \, \pi \, 80 = 196.94 \text{ litres.}$$

FORMULE D'OUGHTRED

l = largeur du fût.

D = diamètre du milieu.

d = diamètre du fond.

i = capacité.

$$i = \frac{\pi}{12} (2 \, D^2 + d^2) \, l$$

FORMULE DE DEZ

$$i = \frac{\pi}{4} \left[D - \frac{3}{8} (D - d) \right]^2 l$$

En pratique on prend souvent :

$$i = \frac{\pi}{26} (2 \, D + d)^2 \, l$$

Progression Arithmétique.

1° **Pour trouver un terme d'un rang quelconque, dont la raison est positive**, il suffit d'ajouter le PREMIER TERME à autant de fois la raison qu'il y a de termes avant lui.

EXEMPLE :

Quel est le 18e terme de la progression :

$$\div \quad 3 \;.\; 8 \;.\; 13 \;.\; 18 \;.\; \text{etc., etc.}$$

La raison ici est 5. et on a :

$$3 + (18 - 1) \times 5 = 3 + (17 \times 5) = 88$$

AU CAS que la raison est négative, on emploie la formule suivante :

$$l = a - (n - 1)\, R$$

EXEMPLE :

Quel est le 21e terme de la progression :

$$\div \quad 80 \;.\; 75 \;.\; 70 \;.\; \text{etc., etc.}$$

Réponse :

$$x = 80 - (21 - 1)\, 5 =$$
$$80 - (20 \times 5) = -20$$

2° **La somme de deux termes également distants des extrêmes, égale la somme des deux extrêmes.**

Soit la progression :

$$\div \quad 3 \;.\; 5 \;.\; 7 \;.\; 9 \;.\; 11 \;.\; 13 \;.\; 15$$

Prenons 7 et 11. et on a : $7 + 11 = 18$
comme $3 + 15 = 18$.

3° **La somme de tous les termes est égale à la 1/2 somme des extrêmes ×** par le nombre de termes de la progression.

Soit la progression :

$$\div \quad 5 \;.\; 7 \;.\; 9 \;.\; 11 \;.\; 13 \;(= 45)$$

et on a :

$$\frac{5 + 13}{2} \times 5 = \frac{18}{2} \times 5 = \frac{90}{2} = 45$$

4° **Lorsque le nombre de termes est impair, celui du milieu égale la 1/2 somme des extrêmes.**

Moyens Arithmétiques.

Pour trouver les moyens arithmétiques ou différentiels d'une progression arithmétique entre deux nombres donnés, on fait la différence des deux nombres et on divise le reste par le nombre de termes de la progression à former moins 1 ou par le nombre de moyens + 1.

EXEMPLE :

Soient les nombres 2 et 20. Formez une progression de 5 termes.

Cherchez d'abord la raison et on a :

$$1° \qquad 2 + (5 - 1)\, x = 20$$

mais $\qquad (5 - 1)\, x = 20 - 2$

ou $\qquad\qquad 4\, x = 18$

Par conséquent :

$$x = \frac{18}{4} = 4.5$$

La raison est donc 4.5 et la progression ÷ 2 . 6,5 . 11 . 15,5 . 20 .

Prenant le nombre des moyens, et on a :

$$2 + (3 + 1)\, x = 20$$

Donc :

$$2 + 4\, x = 20$$
$$4\, x = 20 - 2$$
$$x = \frac{18}{4} = 4.5$$

Progression Géométrique.

1° Pour trouver le terme d'un rang quelconque d'une progression géométrique, on multiplie le premier terme par la raison élevée à une puissance égale au nombre de termes moins 1.

EXEMPLE :

Soit la progression géométrique :

$$÷ \quad 4 : 8 : 16 : 32 : 64 : 128 : 256 :$$

La raison est 2.

Donc, cherchant le 7e terme, on a :

$$4 \times 2(7-1) \text{ ou } 4 \times 2^6$$

Trouvez le 7e terme de la progression :

$$\div \quad 3 : 6 : 12 : 24 : \text{ etc.}$$

et on a :

$$3 \times 2(7-1) = 3 \times 2^6 = 3 \times 64 = 192$$

et on obtient :

$$\div \quad 3 : 6 : 12 : 24 : 48 : 96 : 192 :$$

2° Pour trouver la somme des termes d'une progression $\div$ élevons la raison à la puissance marquée par le nombre de termes ; du résultat on soustrait 1. ; le reste, on le **multiplie** par le 1er terme et on divise le produit par la raison moins **1**.

EXEMPLE :

Soit la progression :

$$\div \quad 4 : 12 : 36 : 108 : 324 :$$

$$\text{la somme} = \frac{(3^5 - 1)\, 4}{3 - 1} = \frac{(243 - 1)\, 4}{2} = \frac{242 \times 4}{2} = 484$$

3° Pour trouver la somme des termes d'une progression $\div$ décroissante, on multiplie le premier terme par L'UNITÉ MOINS LA RAISON ÉLEVÉE A LA PUISSANCE MARQUÉE PAR LE NOMBRE DE TERMES DE LA PROGRESSION, puis on divise le produit par l'unité moins la raison.

EXEMPLE :

$$S = \frac{a\,(1 - r^n)}{1 - r}$$

REMARQUE :

Une progression géométrique est croissante lorsque la **raison** est plus grande que l'unité, et décroissante lorsque sa **raison est** une fraction.

EXEMPLE :

Trouvez le 10e terme de la progression :

$$\div \quad 729 : 243 : 81 : \text{ etc.}$$

et on a :

$$729 \times \left(\frac{1}{3}\right)^9$$

Moyens Géométriques ou Moyens Proportionnels.

Pour trouver les moyens proportionnels d'une progression $\div$ on cherche d'abord la raison, qu'on trouve en divisant le DERNIER TERME par le PREMIER ; puis on extrait la racine suivant la puissance marquée par le nombre de termes moins 1 ; ou le nombre de moyens plus 1.

EXEMPLE :

Soient deux nombres 4 et 256, formez une progression avec 5 moyens, et on a :

$$\frac{256}{4}$$

Le nombre de termes = 7.
La puissance marquée 7 — 1 = 6.

La raison est :

$$256 = 4 \times r^6.$$

Par conséquent :

$$r^6 = \frac{256}{4}$$

ou

$$r^6 = 64$$

64 = à la raison exposant 6.
64 est donc le deuxième terme en décroissance.

Pour trouver la raison, extrayons la racine 6me de 64.
La racine 6me = 2 × 3.

Par conséquent, on extrait d'abord la racine carrée, puis du résultat obtenu la racine cubique, et on a :

$$\sqrt{64} = 8$$
$$\sqrt[3]{8} = 2$$

La raison est donc 2.

Logarithmes Quaternaires (1 à 100)

N	LOG.	N	LOG.	N	LOG.	N	LOG.	N	LOG.
1	0.0000	21	1.3222	41	1.6128	61	1.7853	81	1.9085
2	0.3010	22	1.3424	42	1.6232	62	1.7924	82	1.9138
3	0.4771	23	1.3617	43	1.6335	63	1.7993	83	1.9191
4	0.6021	24	1.3802	44	1.6435	64	1.8062	84	1.9243
5	0.6990	25	1.3979	45	1.6532	65	1.8129	85	1.9294
6	0.7782	26	1.4150	46	1.6628	66	1.8195	86	1.9345
7	0.8451	27	1.4314	47	1.6721	67	1.8261	87	1.9395
8	0.9031	28	1.4472	48	1.6812	68	1.8325	88	1.9445
9	0.9542	29	1.4624	49	1.6902	69	1.8388	89	1.9494
10	1.0000	30	1.4771	50	1.6990	70	1.8451	90	1.9542
11	1.0414	31	1.4914	51	1.7076	71	1.8513	91	1.9590
12	1.0792	32	1.5051	52	1.7160	72	1.8573	92	1.9638
13	1.1139	33	1.5185	53	1.7243	73	1.8633	93	1.9685
14	1.1461	34	1.5315	54	1.7324	74	1.8692	94	1.9731
15	1.1761	35	1.5441	55	1.7404	75	1.8751	95	1.9777
16	1.2041	36	1.5563	56	1.7482	76	1.8808	96	1.9823
17	1.2304	37	1.5682	57	1.7559	77	1.8865	97	1.9868
18	1.2553	38	1.5798	58	1.7634	78	1.8921	98	1.9912
19	1.2788	39	1.5911	59	1.7709	79	1.8976	99	1.9956
20	1.3010	40	1.6021	60	1.7782	80	1.9031	100	2.0000

Logarithmes Septenaires

DE QUELQUES NOMBRES INFÉRIEURS A 100

N	LOG.	N	LOG.	N	LOG.
2	0.3010300	23	1.3617278	61	1.7853298
3	0.4771213	9	1.4623980	67	1.8260748
5	0.6989700	31	1.4913617	71	1.8512583
7	0.8450980	37	1.5682017	73	1.8633229
11	1.0413927	41	1.6127839	79	1.8976271
13	1.1139434	43	1.6334685	83	1.9190781
17	1.2304489	47	1.6720979	89	1.9493900
19	1.2787536	53	1.7242759	97	1.9867717
		59	1.7708520		

De l'Angle à la fonction Trigonométrique.

SINUS
0° à 30°

DEGRÉ	0 '	10 '	20 '	30 '	40 '	50 '	60 '	·
0	0.0000	029	058	087	116	145	175	89
1	175	204	233	262	291	320	349	88
2	349	378	407	435	465	494	523	87
3	523	552	582	611	640	669	698	86
4	698	727	756	785	814	843	872	85
5	872	901	930	958	987	016	045	84
6	0.1045	074	103	132	161	190	219	83
7	219	248	276	305	334	363	392	82
8	392	421	449	478	507	536	564	81
9	564	593	622	650	679	708	736	80
10	736	765	794	822	851	880	908	79
11	908	937	965	994	022	051	079	78
12	0.2079	108	136	164	193	221	25)	77
13	250	278	306	334	363	391	419	76
14	419	447	476	504	532	560	588	75
15	588	616	644	672	700	728	756	74
16	756	784	812	840	868	896	924	73
17	924	952	979	0J7	035	063	090	72
18	0.3090	118	145	173	201	228	256	71
19	256	283	311	338	365	393	420	70
20	420	448	475	502	529	556	584	69
21	584	611	638	665	692	719	746	68
22	746	773	800	827	854	881	907	67
23	907	934	961	987	014	041	067	66
24	0.4067	094	120	147	173	200	226	65
25	226	253	279	305	331	358	384	64
26	384	410	436	462	488	514	540	63
27	540	566	592	617	643	669	695	62
28	695	720	746	772	797	823	848	61
29	848	874	899	924	950	975	000	60
	60 '	50 '	40 '	30 '	20 '	10 '	0 '	DEGRÉ

60° à 90°
COSINUS

SINUS

30° à 60°

DEGRÉ	0 '	10 '	20 '	30 '	40 '	50 '	60 '	
30	0.5000	025	050	075	100	125	150	59
31	150	175	200	225	250	275	299	58
32	299	324	348	373	398	422	446	57
33	446	471	495	519	544	568	592	56
34	592	616	640	664	688	712	736	55
35	736	760	783	807	831	854	878	54
36	878	901	925	948	972	995	018	53
37	0.6018	041	065	088	111	134	157	52
38	157	180	2.2	225	248	271	293	51
39	293	316	338	361	383	406	428	50
40	428	450	472	494	517	539	561	49
41	561	583	604	626	648	670	691	48
42	691	713	734	756	777	799	820	47
43	820	841	862	884	905	926	947	46
44	947	968	988	009	030	051	071	45
45	0.7071	092	112	133	153	173	193	44
46	193	214	234	254	274	294	314	43
47	314	333	353	373	392	412	431	42
48	431	451	470	490	509	528	547	41
49	547	566	585	604	623	642	660	40
50	660	679	698	716	735	753	771	39
51	771	790	808	826	844	862	880	38
52	880	898	916	934	951	969	986	37
53	986	004	021	039	056	073	090	36
54	0.8090	107	124	141	158	175	192	35
55	192	208	225	241	258	274	290	34
56	290	307	323	339	355	371	387	33
57	387	403	418	434	450	465	480	32
58	480	496	511	526	542	557	572	31
59	572	587	601	616	631	646	660	30
	60 '	50 '	40 '	30 '	20 '	10 '	0 '	DEGRÉ

30° à 60°

COSINUS

SINUS

60° à 90°

DEGRÉ	0 '	10 '	20 '	30 '	40 '	50 '	60 '	
60	0.8660	675	689	704	718	732	746	29
61	746	760	774	788	802	816	829	28
62	829	843	857	870	884	897	910	27
63	910	923	936	949	962	975	988	26
64	988	000	013	026	038	051	063	25
65	0.9063	075	088	100	112	124	135	24
66	135	147	159	171	182	194	205	23
67	205	216	228	239	250	261	272	22
68	272	283	294	304	315	325	336	21
69	336	346	357	367	377	387	397	20
70	397	407	417	426	436	446	455	19
71	455	465	474	483	492	502	511	18
72	511	520	528	537	546	555	563	17
73	563	572	580	588	596	605	613	16
74	613	621	629	636	644	652	659	15
75	659	667	674	681	689	696	703	14
76	703	710	717	724	730	737	744	13
77	744	750	757	763	769	775	781	12
78	781	787	793	799	805	811	816	11
79	816	822	827	833	838	843	848	10
80	848	853	858	863	868	872	877	9
81	877	881	886	890	894	899	903	8
82	903	907	911	914	918	922	925	7
83	925	929	932	936	939	942	945	6
84	945	948	951	954	957	959	962	5
85	962	964	967	969	971	974	976	4
86	976	978	980	981	983	985	986	3
87	986	988	989	990	992	993	994	2
88	994	995	996	997	997	998	998	1
89	998	999	999	000	000	000	000	0
90	1.0000							
	60 '	50 '	40 '	30 '	20 '	10 '	0 '	DEGRÉ

0° à 30°

COSINUS

TANGENTE

0° à 30°

DEGRÉ	0'	10'	20'	30'	40'	50'	60'	
0	0.0000	029	058	087	116	146	175	89
1	175	204	233	262	291	320	349	88
2	349	378	408	437	466	495	524	87
3	524	553	582	612	641	670	699	86
4	699	729	758	787	816	846	875	85
5	875	904	934	963	992	022	051	84
6	0.1051	081	110	139	169	198	228	83
7	228	257	287	317	346	376	405	82
8	405	435	465	495	524	554	584	81
9	584	614	644	673	703	733	763	80
10	763	793	823	853	884	914	944	79
11	944	974	004	035	065	095	126	78
12	0.2126	156	186	217	248	278	309	77
13	309	339	370	401	432	462	493	76
14	493	524	555	586	617	648	679	75
15	679	711	742	773	805	836	867	74
16	867	899	931	962	994	026	057	73
17	0.3057	089	121	153	185	217	249	72
18	249	281	314	346	378	411	443	71
19	443	476	509	541	574	607	640	70
20	640	673	706	739	772	805	839	69
21	839	872	906	939	973	007	040	68
22	0.4040	074	108	142	176	211	245	67
23	245	279	314	348	383	418	452	66
24	452	487	522	557	592	628	663	65
25	663	699	734	770	806	841	877	64
26	877	913	950	986	022	059	095	63
27	0.5095	132	169	206	243	280	317	62
28	317	355	392	430	467	505	543	61
29	543	581	619	658	696	735	774	60
	60'	50'	40'	30'	20'	10'	0'	DEGRÉ

60° à 90°

COTANGENTE

TANGENTE
30° à 60°

DEGRÉ	0'	10'	20'	30'	40'	50'	60'	
30	0.5774	812	851	890	930	969	009	59
31	0.6009	048	088	128	168	208	249	58
32	249	289	330	371	412	453	494	57
33	494	536	577	619	661	703	745	56
34	745	788	830	873	916	959	002	55
35	0.7002	046	089	133	177	221	265	54
36	265	310	355	400	445	490	536	53
37	536	581	627	673	720	766	813	52
38	813	860	907	954	002	050	098	51
39	0.8098	146	195	243	292	342	391	50
40	391	441	491	541	591	642	693	49
41	693	744	796	847	900	952	004	48
42	0.9004	057	110	163	217	271	325	47
43	325	380	435	490	545	601	657	46
44	657	713	770	827	884	942	000	45
45	1.0000	058	117	176	236	295	355	44
46	355	416	477	538	599	661	724	43
47	724	786	850	913	977	041	106	42
48	1.1106	171	237	303	369	436	504	41
49	504	572	640	708	778	847	918	40
50	918	988	059	131	203	276	349	39
51	1.2340	423	497	572	647	723	799	38
52	799	876	954	032	111	190	270	37
53	1.3270	351	432	514	597	680	764	36
54	764	848	934	019	106	193	281	35
55	1.4281	370	460	550	641	733	826	34
56	826	919	013	108	204	301	399	33
57	1.5399	497	597	697	798	900	003	32
58	1.6003	107	213	319	426	534	643	31
59	643	753	864	977	090	205	321	30
	60'	50'	40'	30'	20'	10'	0'	DEGRÉ

30° à 60°
COTANGENTE

TANGENTE
60° à 90°

DEGRÉ	0 '	10 '	20 '	30 '	40 '	50 '	60 '	
60	1.7321	438	556	675	796	917	040	29
61	1.8040	165	291	418	546	676	807	28
62	807	940	074	210	347	486	626	27
63	1.9626	768	912	057	204	353	503	26
64	2.0503	655	809	965	123	283	445	25
65	2.1445	609	775	943	113	286	460	24
66	2.2460	637	817	998	183	369	559	23
67	2.3559	750	945	142	342	545	751	22
68	2.4759	4960	5172	5386	5605	5826	6051	21
69	6051	6279	6511	6746	6985	7228	7475	20
70	7475	7725	7980	8239	8502	8770	9042	19
71	9042	9319	9600	9887	0178	0475	0777	18
72	3.0777	1084	1397	1716	2041	2371	2709	17
73	2709	3052	3402	3759	4124	4495	4874	16
74	4874	5261	5656	6059	6471	6891	7321	15
75	7321	7760	8208	8667	9136	9617	0108	14
76	4.0108	0611	1126	1653	2193	2747	3315	13
77	3315	3897	4494	5107	5736	6383	7046	12
78	7046	7729	8430	9152	9894	0658	1446	11
79	5.1446	2257	3093	3955	4845	5764	6713	10
80	6713	7694	8708	9758	0844	1970	3138	9
81	6.3138	4348	5606	6912	8269	9682	1154	8
82	7.1154	2687	4287	5958	7704	9530	1443	7
83	8.1443	3450	5556	7769	0098	2553	5144	6
84	9.5144	9.7882	10.0780	10.3854	10.7119	11.0594	11.4301	5
85	11.4301	11.8262	12.2505	12.7062	13.1969	13.7267	14.3007	4
86	14.3007	14.9244	15.6048	16.3499	17.1693	18.0750	19.0811	3
87	19.0811	20.2056	21.4704	22.9038	24.5418	26.4316	28.6363	2
88	28.6363	31.2416	34.3678	38.1885	42.9641	49.1039	57.2900	1
89	57.2900	68.7501	85.9398	114.5887	171.8854	343.7737	∞	0
	60 '	50 '	40 '	30 '	20 '	10 '	0 '	DEGRÉ

0° à 30°
COTANGENTE

De la fonction Trigonométrique à l'Angle.

DE SINUS MÊME A L'ANGLE

SIN.	0	1	2	3	4	5	6	7	8	9
0.0	0°	1°	1°	2°	2°	3°	3°	4°	5°	5°
0.1	6°	6°	7°	7°	8°	9°	9°	10°	10°	11°
0.2	12°	12°	13°	13°	14°	14°	15°	16°	16°	17°
0.3	17°	18°	19°	19°	20°	20°	21°	22°	22°	23°
0.4	24°	24°	25°	25°	26°	27°	27°	28°	29°	29°
0.5	30°	31°	31°	32°	33°	33°	34°	35°	35°	36°
0.6	37°	38°	38°	39°	40°	41°	41°	42°	43°	44°
0.7	44°	45°	46°	47°	48°	49°	49°	50°	51°	52°
0.8	53°	54°	55°	56°	57°	58°	59°	60°	62°	63°
0.9	64°	66°	67°	68°	70°	72°	74°	76°	79°	82°
0.99	82°	82°	83°	83°	84°	84°	85°	86°	86°	87°
0.999	87°	88°	88°	88°	88°	88°	88°	89°	89°	89°
1.000	90°									

DE COSINUS MÊME A L'ANGLE

COS.	0	1	2	3	4	5	6	7	8	9
0.0	90°	89°	89°	88°	88°	87°	87°	86°	85°	85°
0.1	84°	84°	83°	83°	82°	81°	81°	80°	80°	79°
0.2	78°	78°	77°	77°	76°	76°	75°	74°	74°	73°
0.3	73°	72°	71°	71°	70°	70°	69°	68°	68°	67°
0.4	66°	66°	65°	65°	64°	63°	63°	62°	61°	61°
0.5	60°	59°	58°	58°	57°	57°	56°	55°	55°	54°
0.6	53°	52°	52°	51°	50°	49°	49°	48°	47°	46°
0.7	46°	45°	44°	43°	42°	41°	41°	40°	39°	38°
0.8	37°	36°	35°	34°	33°	32°	31°	30°	28°	27°
0.9	26°	24°	23°	22°	20°	18°	16°	14°	11°	8°
0.99	8°	8°	7°	7°	6°	6°	5°	4°	4°	3°
0.999	3°	2°	2°	2°	2°	2°	2°	1°	1°	1°
1.000	0°									

DE TANGENTE MÊME A L'ANGLE

TG.	0	1	2	3	4	5	6	7	8	9	TG.	ANGLE
0.0	0°	1°	1°	2°	2°	3°	3°	4°	5°	5°	4	76°
0.1	6°	6°	7°	7°	8°	9°	9°	10°	10°	11°	5	79°
0.2	11°	12°	12°	13°	13°	14°	15°	15°	16°	16°	6	81°
0.3	17°	17°	18°	18°	19°	19°	20°	20°	21°	21°	7	82°
0.4	22°	22°	23°	23°	24°	24°	25°	25°	26°	26°	8	83°
0.5	27°	27°	27°	28°	28°	29°	29°	30°	30°	31°	9	84°
0.6	31°	31°	32°	32°	33°	33°	33°	34°	34°	35°	10	84°
0.7	35°	35°	36°	36°	37°	37°	37°	38°	38°	38°	11- 12	85°
0.8	39°	39°	39°	40°	40°	40°	41°	41°	41°	42°	13- 16	86°
0.9	42°	42°	43°	43°	43°	44°	44°	44°	44°	45°	17 · 22	87°
1	45°	48°	50°	52°	54°	56°	58°	60°	61°	62°	23 · 38	88°
2	63°	65°	66°	67°	67°	68°	69°	70°	70°	71°	39 -114	89°
3	72°	72°	73°	73°	74°	74°	74°	75°	75°	76°	115- ∞	90°

DE COTANGENTE MÊME A L'ANGLE

CTG.	0	1	2	3	4	5	6	7	8	9	COTG.	ANGLE
0.0	90°	89°	89°	88°	88°	87°	87°	86°	85°	85°	4	14°
0.1	84°	84°	83°	83°	82°	81°	81°	80°	80°	79°	5	11°
0.2	79°	78°	78°	77°	77°	76°	75°	75°	74°	74°	6	9°
0.3	73°	73°	72°	72°	71°	71°	70°	70°	69°	69°	7	8°
0.4	68°	68°	67°	67°	66°	66°	65°	65°	64°	64°	8	7°
0.5	63°	63°	63°	62°	62°	61°	61°	60°	60°	59°	9	6°
0.6	59°	59°	58°	58°	57°	57°	57°	56°	56°	55°	10	6°
0.7	55°	55°	54°	54°	53°	53°	53°	52°	52°	52°	11 · 12	5°
0.8	51°	51°	51°	50°	50°	50°	49°	49°	49°	48°	13 · 16	4°
0.9	48°	48°	47°	47°	47°	46°	46°	46°	46°	45°	17 · 22	3°
1	45°	42°	40°	38°	36°	34°	32°	30°	29°	28°	23 · 38	2°
2	27°	25°	24°	23°	23°	22°	21°	20°	20°	19°	39 -114	1°
3	18°	18°	17°	17°	16°	16°	16°	15°	15°	14°	115 · ∞	0°

Poids spécifiques de quelques Matières.

I. — METAUX

Aluminium	2.6
Argent	10.4 — 10.5
Antimoine	6.6
Bismuth	9.8
Cuivre	8.9
Acier fondu	7.85
Bronze	7.4 — 8.9
Fer	7.5 — 7.8
Fonte	7.3
Fer de Suède	7.8 — 7.9
Etain	7.2 — 7.5
Or	19.3
Plomb	11.3 — 11.4
Platine	21.5 — 21.7
Phosphore jaunâtre	1.8
— rouge	2.2
— cristal	2.3
Wolfram	19.1
Mercure	13.6
Laiton	8.4
Nickel fondu	8.4
— forgé	8.6 — 8.9
Zinc fondu	6.9
— (fil)	7.1 — 7.2
Métal Delta	8.6

II. — COMBUSTIBLES

Charbon	1.33
Lignite	1.2
Coke	0.6
Anthracite	1.4
Charbon de bois	0.4
Tourbe (sec)	0.5

III. — TERRÉ

TERRE ARGILEUSE.

Sec	1.9
Frais	2.1
Gravier	1.4
Argile frais	1.7
— dur	1.5
Boue	1.6
Sable sec	1.4

IV. — PRODUITS MINERAUX

Marbre	2.8
Verre	2.6 à 3.5
Basalte	2.7 à 3.2
Asphalte	2.2
Pierre de Tournai	2.7
Gypse	0.9
Verre bouteille	2.8
— fenêtre	2.6
— cristal	2.9
— miroir	2.4
Granit	2.7
Pierre de taille	2.3
Chaux (frais)	0.8
— éteinte	1.4
Pierre calcaire	2.5 — 2.7 — 2.8
Mortier de chaux	1.7
Cailloux	2.6
Ardoise	2.8
Grés	1.9 à 2.7
Trass	1.1

V. — DIVERS

Soufre cristal	2.0
Hêtre	0.7
Ebène	1.2
Liège	0.2
Cire	0.96
Glace 0°	0.92
Eau de mer	1.03

Eau 15°	0.999
Acide sulfurique	1.84
Ether	0.72
Alcool	0.97
Glycérine	1.26
Huile d'olive	0.915
Carbone sulfureux	1.27
Térébenthine	0.87
Pétrole	0.84 — 0.90
Iridium	22.4
Kadmium	8.6
Potassium	0.87
Kalzium	1.6
Kobalt	8.4
Carbone : diamants	3.5
— graphite.	1.9 — 2.3
Lithium	0.5
Magnésium	1.7
Manganèse	7.4
Natrium.	0.98
Osmium.	22.5
Silicium.	2.4
Ambre jaune	1.1
Ivoire	1.8
Charbon de cornue	1.9
Argent neuf métaux	8.3 — 8.7
Paraffine	0.87 — 0.91
Quartz	2.5 — 2.8
Sel gemme.	2.4

DIVERS

Erable	0.5 — 0.8
Bouleau	0.5 — 0.8
Buis	0.9 — 1.2
Ebène.	1.2
Chêne.	0.7 — 1.0
Sapin.	0.4 — 0.6
Pin	0.4 — 0.8
Tilleul	0.3 — 0.6
Hêtre commun	0.7 — 0.8
Aniline	1.02
Benzine.	0.68 — 0.70

Benzol	0.88
Méthyl alcool	0.80
Acide nitrique	1.52
— muriatique	1.21
Sapin américain	0.7
— rouge	0.6 — 0.7
Acajou	0.8
Bois de gaiac	1.3
Teack	0.8
Béton ordinaire	1.9
— en ciment	2.2
Maçonnerie (frais)	1.6
— (sec).	1.5
Ciment	3.0
Ruine.	1.2
Coquilles sèches	0.7
— humides	1.0
Neige (pressée)	0.5
Cliquat d'Utrecht	2.0
— de Vilvorde	2.3

Pour Air = 1 ; Oxygène = 1.11. ; Nitrogène = 0.97 ;

Hydrogène = 0.07 ; Acide carbonique = 1.52.

Poids d'un litre (0° c. et 760^{mm} pression) :

Hydrogène = 0.0895 g. ; Oxygène = 1.4302 **g.** ; Air = 1.2936 **g.**

Poids de quelques Matériaux par m³

MATÉRIAUX	POIDS EN KG.	MATÉRIAUX	POIDS EN KG.
Terre.	1.600	Gravier.	1.550
Asphalte	1.500	Grés	2.500
Basalte.	3.200	Marbre.	2.800
Bronze	8.900	Pierre de taille. . .	2.700
Bois de sapin . . .	600	Plomb	11.400
Argile	1.600	Sable sec	1.550
Chêne	800	— mouillé. . . .	2.000
Cuivre	8.900	Sapin rouge	650
Fer	7.800	— américain. . .	700
— fondu	7.250	Verre	2.600
Gypse	1.000	Zinc.	7.200
Granit	2.800		

Poids de rupture, de quelques Matières, à l'allongement et à la pression en Kgr par cm²

MATÉRIAUX	ALLONGEMENT	PRESSION
Acier	5500 — 9000	7000
Aluminium	2000	—
Bois de sapin.	800	400
Chêne	790 — 980	500
Cuivre.	2000 — 3000	5000
Etain	350	—
Fonte	1250	7000
Granit de Suède	—	1200 — 1800
Grés - Fauconoal	—	1380 — 2800
— Oberkirchener.	—	640 — 960
Hêtre	900	550
Marbre	—	200 — 500
Pierre de taille	—	1000 — 1340
— La Rochelle	—	290 — 470
— Bollendorfer	—	260 — 590
Plomb.	350	—
Sapin rouge	1000	500
Verre	250	1300
Zinc	500	—

Coefficients de Dilatation

(lin. 1° c. à 10⁻⁷)

Aluminium	223	Argent	188
Plomb	285	Platine	88
Fer	110	Zinc	273
Or.	140	Etain	218
Cuivre	163	Verre	40 — 90
Laiton	181	Mercure (cub.). . .	1820

Point d'ébullition en C°.

Acide sulfureux	— 10
Acide hydrochlorique	+ 20
Ether	34.9
Alcool	78.4
Acide nitrique.	86.
Huile de Térébenthine.	150.
Soufre	445.
Acide sulfurique	338.
Mercure.	357.

Puissance calorifique de quelques Combustibles
(pour 1 kgr. de...)

Bois	2.700 W E
Tourbe	2.700 —
Lignite	2.000 à 5.600 W E
— (briquettes). . . .	4.500 à 5.000 —
Houille (charbon)	6.000 à 7.800 —
Cokes.	6.000 à 7.000 —
Pétrole	10.000 —
Gaz d'éclairage (p^r 1 m³). .	4.700 à 5.500 —

Combustion de quelques Matières.

COMBUSTIBLE	Cal./Kg.
Bois sec	4.000 à 5.000
Charbon de bois	Ca. 8.000
Lignite	5.000 à 6.000
Houille.	7.000 à 8.000
Anthracite.	Ca. 7.800
Cokes.	Ca. 7.000
Alcool	Ca. 7.200
Pétrole.	Ca. 11.000
Gaz d'éclairage	Ca. 10.000
Hydrogène	Ca. 34.000

Alliage de Métal.

DÉSIGNATIONS	ZINC	CUIVRE	ANTIMOINE	ÉTAIN	PLOMB	PHOSPHORE MÉTALLIQUE	MANGAN.	MAGNÉSIUM
Métal antifriction. .		1	12	15	70	2		
Laiton Stolberger .	32.8	64.8		0.4	2			
— anglais. . .	33.3	66.7						
Tombak	15	85						
Bronze		83		17				
— phosphoreux .		83		16		1		
Métal pour cloche de sonnerie	jusque 25 % d'étain.							
Bronze de tir . . .	— 10 % —							
— artificiel . .	3.3	86.7		6.7	3.3			
Métal Delta	alliage cuivre, zinc et du fer.							
Aluminium dur . .	plus que 90 % d'aluminium, cuivre, mangan. et magnésium.							
Métal Britania . .			10	90				
— — . .		1.85	16.25	81.9				
Argentan	30 à 20	50 à 65	plus 20 à 15 nickel.					
Magnalium	aluminium 77 à 98 et							23 à 2
Manganin		84	nickel 4				12	
Konstantin		60	nickel 40					
Patent-nickel . . .		75	nickel 25					
Platiniridium . .	platine 90		Iridium 10					
Invar	fer 64		nickel 36					
Soudure				70 à 90	30 à 10			
Métal Roses. . . .				1	1	bismuth 2		
Wood Métal . . .	kadmium 4			4	8	bismuth 15		
Lipowitz métal . .	kadmium 3			4	8	bismuth 15		

PRESSION   DE   VAPEUR

La pression est exprimée, ou bien en vraies atmosphères, dont la pression de 1.033 kg/cm² correspond à une colonne de mercure de 760 ‰ de hauteur et 1 cm coupe transversale,

OU :

en atmosphères techniques, dont la pression de 1 kg./cm² correspond à une colonne de mercure de 735.5 ‰ de haut et 1 cm de coupe transversale.

Pour la Vapeur :

Voyez le tableau ci-après pour température et énergie (pression).

Pression de la Vapeur.

T°	PRESSION EN			T°	PRESSION EN		
	m/m Mercure	Atmosph.	Kg/cm2 Atm. technique		m/m Mercure	Atmosph.	Kg/cm2 Atm. technique
—20	0.938			90	525.450	0 691	0.7144
—10	2.151			100	760.00	1 0	1.0333
± 0	4.569			105	906.41	1 193	1.2324
+ 1	4 940			110	1075 37	1 415	1.4621
2	5.302			111.7	1140.00	1.5	1.5499
3	5.687			115	1269.41	1.673	1.7259
4	6.097			120	1491.28	1 962	2.0276
5	6.534			120.6	1520.00	2.0	2.0366
6	6.998			127.8	1910.00	2.5	2.5833
7	7.492			130	2030.28	2.671	2.7604
8	8.017			133.9	2280.00	3.0	3.0999
9	8.574			139.2	2660.00	3.5	3.6166
10	9.165			140	2717.63	3.575	3.6940
11	9.792			144	3040.00	4.0	4.1332
12	10 457			148	3420.00	4 5	4 6409
13	11.162			150	3581.21	4 742	4 8690
14	11.908			152.2	3800.00	5.0	5.1665
15	12.699			159.2	4560.00	6.0	6.1998
16	13.536			160	4651.62	6.120	6.3243
17	14 421			165.3	5320.00	7.0	7.2331
18	15.357			170	5961.66	7.844	8.1055
19	16.346			170.8	6080.00	8.0	8.2664
20	17.391	0 023		175.8	6840.00	9.0	9.2997
21	18.495	0.024		180	7546.39	9.929	10.2601
22	19.659	0 026		180.3	7600.00	10.0	10.3330
23	20.888	0.027		184	8360.00	11.0	11.3663
24	22.184	0.029		188	9120.00	12.0	12.3996
25	23 550	0.031		190	9442.70	12.424	12.8383
26	24.988	0.033		192	9880.00	13.0	13 4329
27	26 505	0.035		195	10519.73	14.0	14 8025
28	28.101	0.037		200	11688.96	15.380	15.8923
29	29.782	0.039		210	14324.80	18.848	19.4760
30	31.548	0.042		213	15200.00	20.0	20.6660
35	41.827	0.055		220	17390.00	22.881	23.6439
40	54.906	0.072	0.0747	230	20926.40	27.535	28.4515
50	91.982	0.121	0.1251	236.2	22800.00	30.0	30.9990
60	148.791	0.196	0.2032	269.5	38000.00	50.0	51.6665
70	233.093	0.306	0.3169	311.5	76000.00	100.0	103.3300
80	354.643	0.406	0.4822				

Point de fusion de quelques alliages employés comme mesure de sûreté pour les chaudières.

(C'est ce qu'on appelle « BOUCHON FUSIBLE »)

PARTIES			DEGRÉ DE CHALEUR	Fond en Eau bouillante sous une pression d'atmosphère absolue de
BISMUTH	PLOMB	ÉTAIN		
	5	3	100°	1
8	8	4	113°3	1 1/2
8	8	8	123°3	2
8	10	8	130°	2 1/2
8	12	8	132°4	3
8	16	12	142°3	3 1/2
8	16	14	145°4	4
8	22	24	153°8	5
8	32	36	160°2	6
8	32	28	166°5	7
8	30	24	172°	8

Température normale de Vaporisation.

Le point de vaporisation d'une matière fluide est la température (mesurée en calories) qu'il faut encore ajouter à la température d'ébullition, pour changer cette matière fluide en vapeur.

Alcohol.	205
Ether	90
Benzol	94
Methylalcohol	266
Mercure	65
Térébenthine.	74
Eau	536

Point de Liquéfaction.

Ce point de liquéfaction désigne la température (chaleur) mesurée en calories qu'il faut ajouter à la température de fusion pour rendre le corps fluide.

Aluminium	77
Plomb	6
Glace	80
Fonte	23 à 33
Cuivre	43
Paraffine	35
Phosphore	5
Platine	27
Mercure	2.8
Argent	21
Cire	42
Zinc	28
Etain	14

Point de fusion de quelques matières.

DÉNOMINATIONS	POINT DE FUSION	DÉNOMINATIONS	POINT DE FUSION
Aluminium	658	Platine	1760
Antimoine	630	Mercure	— 39
Plomb	327	Soufre	114 - 120
Fer	1500	Argent	962
Or	1064	Tantale	2800
Iridium	2300	Bismuth	269
Cadmium	320	Wolfram	2900
Potassium	63	Zinc	419
Cobalt	1500	Etain	232
Cuivre	1083	Laiton .Ca	900
Lithium	186	Argentan —	1000
Magnésium	650	Rose-alliage —	95
Natrium	97	Wood-alliage	65 à 70
Nickel	1450	Verre	500 à 1000
Osmium	2700	Paraffine	46
Palladium	1549	Cire	63
Phosphore	44		

Comparaison des Thermomètres

Fahrenheit ; Réaumur ; Celsius.

$$t^\circ \; F = \frac{4}{9}\,(t - 32)^\circ \quad R = \frac{5}{9}\,(t - 32)^\circ \; C$$

$$t^\circ \; R = \left(\frac{9}{4}\,t + 32\right)^\circ F = \frac{4}{5}\,t^\circ \; R$$

$$t^\circ \; C = \left(\frac{9}{5}\,t + 32\right)^\circ F = \frac{5}{4}\,t^\circ \; C$$

F	C	F	C	F	C	F	C
— 40	— 40	41	5	131	55	± 1	± 0.56
— 31	— 35	50	10	140	60	2	1.11
— 22	— 30	59	15	149	65	3	1.67
— 13	— 25	68	20	158	70	4	2.22
— 4	— 20	77	25	167	75	5	2.78
+ 5	— 15	86	30	176	.80	6	3.33
+ 14	— 10	95	35	185	85	7	3.89
+ 23	— 5	104	40	194	90	8	4.45
+ 32	± 0	113	45	203	95	(0°F = —17.78°c)	
		122	50	212	100		

R	C	R	C
0	0	1	1.25
8	10	2	2.50
16	20	3	3.75
24	30	4	5.00
32	40	5	6.25
40	50	6	7.50
48	60	7	8.75
56	70		
64	80		
72	90		
80	100		

Epaisseur en millimètres de la Tôle pour les Chaudières cylindriques.

Ø des chaudières en mètres.	PRESSION DE VAPEUR EN ATMOSPHÈRES						
	2	3	4	5	6	7	8
0.50	3.9	4.8	5.7	6.6	7.5	8.4	9.3
0.55	4.0	5.0	6.0	7.0	7.9	8.9	9.9
0.60	4.1	5.2	6.2	7.3	8.3	9.5	10.6
0.65	4.2	5.3	6.5	7.7	8.8	10.0	11.2
0.70	4.3	5.5	6.8	8.0	9.3	10.6	11.8
0.75	4.3	5.7	7.0	8.4	9.7	11.1	12.4
0.80	4.4	5.9	7.3	8.8	10.2	11.6	13.1
0.85	4.5	6.1	7.6	9.1	10.6	12.2	13.7
0.90	4.6	6.2	7.9	9.5	11.1	12.2	14.3
0.95	4.7	6.4	8.1	9.8	11.5	12.7	15.0
1.—	4.8	6.6	8.4	10.2	12.0	13.3	15.6
1.05	4.9	6.8	8,7	10.6	12.4	13.8	
1.10	5.0	7.0	8.9	10.9	12.9		
1.15	5.1	7.1	9.2	11.3	13.3		
1.20	5.2	7,3	9.5	11.6	13.8		
1.25	5.2	7.5	9.7	12.0			
1.30	5.3	7.7	10.0	12.4			
1.35	5.4	7.9	10.3	12.7			
1.40	5.5	8.0	10.6	13.1			
1.45	5.6	8.2	10.8	13.4			
1.50	5.7	8.4	11.1	13.8			
1.55	5.8	8.6	11.4				
1.60	5.9	8.8	11.6				
1.65	6.0	8.9	11.9				
1.70	6.1	9.1	12.2				
1.75	6.1	9.3	12.4				
1.80	6.2	9.5	12.7				
1.85	6.3	9.7	13.0				
1.90	6.4	9.8	13.3				
1.95	6.5	10.0	13.5				
2.00	6.6	10.2	13.8				

G. Pipyn et A. Vandersteen.

Boulons et Vis avec un Filet de vis triangulé
(D'après Armengaud)

Ø de la vis.	Ø de l'âme. m/m	Profondeur du filet m/m	P A S m/m	Epaisseur du filet	Epaisseur de l'écrou. m/m
20	16.40	1.80	3.80		45.6
25	20.96	2.02	4.25		51.0
30	25.54	2.23	4.70		56.4
35	30.10	2.45	5.15		61.8
40	34.68	2.66	5.60		67.2
45	40.26	2.87	6.05		72.6
50	43.82	3.19	6.50		78
55	48.40	3.30	6.95	Egal à la moitié de la tête.	83.4
60	52.98	3.51	7.40		88.8
65	57.54	3.73	7.85		94.2
70	62.12	3.94	8.30		99.6
75	66.68	4.16	8.75		105
80	71.26	4.37	9.20		110.4
85	75.84	4.58	9.65		115.8
90	81.40	4.80	10.10		121.2
95	84.98	5.01	10.55		126.6
100	89.56	5.22	11.00		132
105	94.12	5.44	11.45		137.4
110	98.70	5.65	11.90		142.8
115	103.26	5.87	12.35		148.2
120	107.84	6.08	12.80		153.6

Filet de Vis triangulé

(D'après Whitworth)

Numéro d'ordre.	EPAISSEUR DE LA VIS		NOMBRE DE PAS	
	en pouces anglais	en m/m	par pouce anglais	sur une longueur égale à l'épaisseur de la vis.
1	1/4	6.35	20	5
2	5/16	7.93	18	5 5/8
3	3/8	9.52	16	6
4	7/16	11.11	14	6 1/8
5	1/2	12.70	12	6
6	5/8	15.87	11	6 7/8
7	3/4	19.04	10	7 1/9
8	7/8	22.22	9	7 7/8
9	1	25.40	8	8
10	1 1/8	28.57	6	7 7/8
11	1 1/4	31.75	7	8 3/4
12	1 3/8	34.92	6	8 1/4
13	1 1/2	38.10	6	9
14	1 5/8	41.27	5	8 1/8
15	1 3/4	44.45	5	8 3/4
16	1 7/8	47.62	4 1/2	8 7/16
17	2	50.82	4 1/2	9
18	2 1/4	57.17	4	9
19	2 1/2	63.52	4	10
20	2 3/4	69.87	3 1/2	9 5/8
21	3	76.20	3 1/2	10 1/2
22	3 1/4	82.55	3 1/4	10 9/16
23	3 1/2	88.90	3 1/4	11 3/8
24	3 3/4	95.25	3	11 1/4
25	4	101.60	3	12
26	4 1/4	107.95	2 7/12	12 7/32
27	4 1/2	114.30	2 7/8	12 15/16
28	4 3/4	120.65	2 3/4	12 1/16

Boulons et Vis avec Filet de vis carré
(D'après Armengaud)

$\varnothing$ de la vis. m/m	$\varnothing$ de l'âme. m/m	Profondeur du filet m/m	P A S m/m	$\varnothing$ extérieur de l'écrou hexag. m/m	Epaisseur de l'écrou.	Epaisseur de la tête m/m
5	3.2	0.9	1.4	13.7		6
7.5	5.5	1	1.6	17		7.5
10	7.7	1.1	1.8	22		9.5
12.5	9.9	1.3	2	26		11
15	12.2	1.4	2.2	30		13
17 1/2	14.5	1.5	2.4	35		14.5
20	16.7	1.6	2.6	38		16.5
22.5	18.1	1.7	2.8	42		18
25	21.2	1.9	3.0	46	Egal au diamètre extérieur.	20
30	25.7	2.1	3.4	54		23.5
35	30.2	2.4	3.8	62		27
40	34.7	2.6	4.2	70		30.5
45	39.2	2.9	4.6	78		34
50	43.7	3.2	5.0	86		37.5
55	48	3.5	5.4	94		41
60	52.4	3.8	5.8	102		44.5
65	56.8	4.1	6.2	110		48
70	61.1	4.4	6.6	118		51.5
75	65.5	4.7	7.0	126		55
80	69.9	5	7.4	134		58.5

Poids de fil métallique par décamètre courant
(en kilos)

DÉSIGNATIONS	ÉPAISSEUR				
	1 m/m	2 m/m	3 m/m	4 m/m	5 m/m
Fer	0.061	0.224	0.550	0.979	1.529
Acier.	0.065	0.251	0.589	1.049	1.639
Laiton.	0.067	0.256	0.601	1.070	1.671
Nickel	0.070	0.269	0.632	1.125	1.755
Plomb	0.076	0.291	0.684	1.216	1.900

Poids de Tôles en Kg. par mètre carré.

Epaisseur en m/m	FER	CUIVRE	LAITON	PLOMB	ZINC	FONTE	ÉTAIN
1	7.788	8.788	8.508	11.335	6.861	7.25	7.300
2	15.576	17.576	17.016	22.670	13.722	14.50	14.600
3	23.364	26.364	25.524	34.005	20.583	21.75	21.900
4	31.152	35.152	34.032	45.340	27.444	29	29.200
5	38.940	43.940	42.540	56.675	34.305	36.25	36.500
6	46.728	52.728	51.048	68.010	41.166	43.50	43.800
7	54.516	61.516	59.556	79.345	48.027	50.75	51.100
8	62.304	70.304	68.064	90.680	54.888	58.00	58.400
9	70.092	79.092	76.272	102.015	61.749	65.25	65.700
10	77.880	87.880	85.080	113.350	68.610	72.50	73.000
11	85.668	96.668	93.588	124.872	74.471		80.300
12	92.456	105.456	102.096	136.224	81.332		87.600
13	100.234	114.244	110.604	147.576	88.193		94.900
14	109.032	123.032	119.112	158.928	95.054		102.200
15	116.820	131.820	127.620	170.280	101.915		109.500
16	124.608	140.608	136.128	181.632	108.776		116.800
17	132.396	149.396	144.636	192.984	115.637		124.100
18	140.184	158.184	153.144	204.336	122.498		131.400
19	147.972	166.972	161.652	215.588	129.359		138.700
20	155.760	175.760	170.160	227.040	136.220		146.100

Note dans la colonne FONTE (rangs 11 à 19) : Continuez en comptant environ 7 % de moins que le poids des tôles en fer.

Poids de Feuilles en Zinc.

Numéros des feuilles.	Epaisseur en m/m	Poids par Feuille de :		Poids par m2 Kg.
		0.81 × 2.25 Kg.	1.00 × 2.25 Kg.	
6	0.30	3.827	4.725	2.10
7	0.35	4.465	5.512	2.45
8	0.40	5.103	6.300	2.80
9	0.45	5.740	7.087	3.15
10	0.50	6.378	7.875	3.50
11	0.58	7.399	9.135	4.06
12	0.66	8.419	10.395	4.62
13	0.74	9.440	11.655	5.18
14	0.82	10.461	12.915	5.74
15	0.95	12.119	14.962	6.65
16	1.08	13.778	17.010	7.56
17	1.21	15.436	19.057	8.47
18	1.34	17.095	21.105	9.38
19	1.47	18.753	23.152	10.29
20	1.60	20.412	25.200	11.20
21	1.78	22.708	28.035	12.46
22	1.96	25	30.870	13.72
23	2.14	27.300	33.705	14.98
24	2.32	29.597	36.540	16.24
25	2.50	31.893	39.375	17.50

Poids des Barres de fer — Carré, Rond, Hexagone, par mètre courant.

Epaisseur en m/m	Poids en Kg.			Epaisseur en m/m	Poids en Kg.		
	carré	rond	hexagone		carré	rond	hexagone
5	0.194	0.153		23	4.112	3.229	3.598
6	0.280	0.220		24	4.477	3.516	3.917
7	0.381	0.299		25	4.858	3.815	4.251
8	0.497	0.391		26	5.254	4.127	4.597
9	0.630	0.494		27	5.666	4.450	4.958
10	0.777	0.610	0.680	28	6.092	4.784	
11	0.940	0.739		29	6.537	5.134	5.720
12	1.119	0.879		30	6.995	5.494	6.121
13	1.314	1.032	1.149	35	9.521	7.478	8.331
14	1.523	1.196		40	12.436	9.767	10.883
15	1.749	1.374	1.530	45	15.740	12.362	13.772
16	1.990	1.563	1.741	50	19.432	15.261	17.003
17	2.246	1.764		55	23.512	18.466	20.573
18	2.520	1.976		60	27.981	21.977	24.484
19	2.806	2.204	2.455	65	32.839	25.792	
20	3.109	2.442	2.720	70	38.086	29.912	
21	3.429	2.691		75	43.721	34.338	
2	3.760	2.956		100	77.728	61.046	

Poids de Fer plat forgé, par mètre cᵗ en Kg.

LARGEUR en m/m	ÉPAISSEUR EN M/M								
	5	6	7	8	9	10	11	12	20
	Kg.	Kg.	Kg.	Kg.	Kg.	Kg.	Kg.	Kg.	Kg.
50	1.95	2.34	2.73	3.12	3.51	3.90	4.29	4.68	7.80
55	2.15	2.57	3. »	3.43	3.86	4.29	4.72	5.15	8.58
60	2.34	2.81	3.28	3.74	4.21	4.68	5.15	5.62	9.36
65	2.54	3.04	3.55	4.06	4.56	5.07	5.58	6.08	10.14
70	2.73	3.28	3.82	4.37	4.91	5.46	6.01	6.55	10.92
75	2.93	3.51	4.10	4.68	5.27	5.85	6.44	7.02	11.70
80	3.12	3.74	4.37	4.99	5.62	6.24	6.86	7.40	12.48
85	3.32	3.98	4.64	5.30	5.97	6.68	7.29	7.96	13.26
90	3.51	4.21	4.91	5.62	6.32	7.02	7.72	8.42	14.04
95	3.71	4.45	5.19	5.93	6.67	7.41	8.15	8.89	14.82
100	3.90	4.68	5.45	6.24	7.02	7.80	8.58	9.36	15.60

Poids en kilogrammes, par mètre courant d'Essieux en Acier.

⌀ en m/m	Poids en Kg. par mètre courᵗ	Diamètre approximatif en pouces anglais.	⌀ en m/m	Poids en Kg. par mètre courᵗ	Diamètre approximatif en pouces anglais.
30	5.5	1 3/16	95	55.2	3 3/4
35	7.5	1 3/8	100	61.1	3 15/16
40	9.8	1 9/16	105	67.3	4 1/8
45	12.4	1 13/16	110	74.0	4 5/16
50	15.3	2	115	80.7	4 1/2
55	18.5	2 3/16	120	88.0	4 3/4
60	22.0	2 3/8	125	95.4	4 15/16
65	25.8	2 9/16	130	103.3	5 1/8
70	30.0	2 3/4	135	111.3	5 5/16
75	34.4	2 15/16	140	119.8	5 1/2
80	39.2	3 3/16	145	128.4	5 11/16
85	44.2	3 3/8	150	137.5	5 7/8
90	49.5	3 2/16			

Filet de Vis pour des tuyaux à Gaz, Eau et Vapeur

(Système Whitworth)

OUVERTURE en POUCE ANGLAIS	DIAMÈTRE EXTÉRIEUR en m/m	NOMBRE DE FILETS PAR POUCE ANGLAIS
1/8	9.5	28
1/4	13	19
3/8	17	19
1/2	21	14
3/4	27	14
1	33	11
1 1/8	38	11
1 1/4	42	11
1 3/8	45	11
1 1/2	48	11
1 5/8	51	11
1 3/4	54	11
1 7/8	57	11
2	61	11
2 1/4	68	11
2 1/2	75	11
3	90	11
3 1/2	100	11
4	110	11

Impérial Wire Gauge.

NUMÉRO DU FIL	DIAMÈTRE	
	POUCES	MILLIMÈTRES
0000	0.400	10.2
000	0.372	9.4
00	0.348	8.8
0	0.324	8.2
1	0.300	7.6
2	0.276	7.0
3	0.252	6.4
4	0.232	5.9
5	0.212	5.4
6	0.192	4.9
7	0.176	4.5
8	0.160	4.1
9	0.144	3.7
10	0.128	3.3
11	0.116	3
12	0.104	2.6
13	0.092	2.3
14	0.080	2
15	0.072	1.8
16	0.064	1.6
17	0.056	1.4
18	0.048	1.2
19	0.040	1
20	0.036	0.9
21	0.032	0.8
22	0.028	0.7
23	0.024	0.6
24	0.022	0.5

Poids de Tôles en Fer

(D'après les numéros de Birmingham Wire Gauge)

Numéros	Epaisseur en m/m	Poids en Kg. par m₂	Numéros	Epaisseur en m/m	Poids en Kg. par m₂
1	7.94	61.02	12	2.93	22.56
2	7.62	58.57	13	2.74	21.04
3	6.98	53.69	14	2.54	19.53
4	6.35	48.82	15	2.22	16.91
5	5.71	43.97	16	1.90	14.65
6	5.08	39.04	17	1.59	12.21
7	4.75	36.62	18	1.38	10.64
8	4.44	34.18	19	1.23	9.42
9	3.81	29.30	20	1.03	7.91
10	3.61	27.73	21	0.95	7.32
11	3.18	24.42	22	0.87	6.69

Tôles en Fer « ondulées ».

NUMÉROS DU PROFIL	PROFONDEUR DES ONDULATIONS m/m	LARGEUR DES ONDULATIONS m/m	ÉPAISSEUR DE LA TOLE m/m	POIDS en Kg. par m₂ et par 1ᵐᵐ d'épaisseur.	RÉSISTANCE par m/m pour 1 m. de large ou 10 ondulations et 1 m/m d'épaisseur.
5	50	100	1 - 2	12.5	17000
6	60	100	1 - 2	14.1	25200
7	70	100	1 - 3	15.7	33000
8	80	100	1 - 5	17.3	40500
9	90	100	1 - 5	18.9	48400
10	100	100	2 - 5	20.5	56450
11	110	100	2 - 5	22.1	67980

N. B. — La largeur d'ondulation est la distance entre le milieu de deux ondulations successives d'une même direction.

Tuyaux en Fonte.

DIAMÈTRE INTÉRIEUR		LONGUEUR DES TUYAUX	POIDS par tuyau	POIDS par mètre c^t
m/m	Pouce anglais	mètre	Epaisseur 10 m/m	
			Kg.	Kg.
40	1 1/2	2	19	9.5
50	2	2.50	30	12
60	2 3/8	2.50	37.5	15
70	2 3/4	2.50	42.5	17
75	3	3	57	19
80	3 3/16	3	60	20
90		3	66	22
100	4	3	75	25
110		3	81	27
120		3	90	30
127	5	3	99	33
135		3	105	35
150	6	3	120	40
175	7	3	156	52
200	8	3	180	60
220	9	3	210	70
250	10	3	240	80
300	12	4	388	97

Poids de Tuyaux en Plomb, par mètre courant

DIAMÈTRE INTÉRIEUR en cm.	ÉPAISSEUR DU MÉTAL m/m	POIDS EN Kg.	DIAMÈTRE INTÉRIEUR en cm.	ÉPAISSEUR DU MÉTAL m/m	POIDS EN Kg.
15	6	35	5	3.5	6.8
15	4	26	4.2	8.2	14.9
12.8	7	34	4.2	7.2	12.4
11.7	3	11	4.2	6	10
10.3	7	25	4.2	4.5	7.3
9	8	29	3.8	9.5	16.3
7.9	7	22	3.8	6	9.6
7.3	7.5	21.6	3.8	3.5	5.6
7.3	6.2	18.4	3.5	5.2	7.3
7.3	5	14.7	3.5	2	2.3
7.3	4.5	14	3.1	6.2	7.6
6.5	9	24	3.1	2.5	3
6.5	5.5	15	2.6	5.5	6
5.8	8.2	19.5	2.6	2.5	2.5
5.8	5.2	10.9	1.9	5.5	4.7
5.8	4	9.1	1.9	2.2	1.85
5	7.5	15.5	1.6	4.2	3
5	4.7	10.4	1.6	1.5	1.3

Travail Mécanique.

Le travail mécanique est obtenu par le produit de la FORCE par le CHEMIN parcouru.

La force s'exprime généralement en KGR. et le chemin parcouru en MÈTRES, de sorte que le produit obtenu par ces deux facteurs s'exprime en KILOGRAMMÈTRES (Kgm.) égal au travail mécanique.

Un travail mécanique de 75 Kgm = 1 HP, ou est égal à la force d'un CHEVAL (HP).

Sous la rubrique « PRESSION DE VAPEUR », ci-devant page 49, nous avons vu que l'atmosphère réelle est exprimée à 1.033 Kg./cm², ce qui signifie que la pression par cm² de surface est égale à 1.033 Kg.

CHERCHONS LE TRAVAIL MÉCANIQUE (la puissance) d'une machine à vapeur dont le piston a 22 cm de diamètre. La pression de 5 Atm. et sa course de 50 cm. Nombre de tours par minute 70.

Et on a :

$$1 \text{ Atm.} = 1 \text{ kg. } 033 \text{ par cm}^2,$$

$$\text{Donc } 5 \text{ Atm.} = 1.033 \times 5 = 5.165 \text{ Kg./cm}^2.$$

$$\text{La surface du piston} = \frac{\pi\, 22^2}{4} = 379,94 \text{ cm}^2.$$

La pression totale $= 379.94 \times 5.165 = 1.962,39$ Kg.

Un tour fait parcourir le piston un trajet aller et retour, donc deux fois le chemin de 50 cm. ou 1 m., et comme la machine fait 70 tours à la minute, le piston parcourt donc :

$$1 \times 70 = 70 \text{ mètres}$$

et par seconde :

$$\frac{70}{60} = 1^m166$$

Le travail mécanique est donc :

$$1962.39 \times 1,166 = 2288,14674 \text{ Kgm.}$$

Il résulte de ce qui précède que la puissance de cette machine est :

$$\frac{2288,14674}{75} = 30.50 \text{ HP environ.}$$

===

Aide-Mémoire, par G. Poelaert.

ÉLECTRICITÉ

FORMULES

VOLT (E.) est l'unité de la tension électrique.

Plus la différence de hauteur est forte (distance entre deux corps), plus la pression est forte.

Le voltage est donc la pression électrique.

AMPÈRE (I) est l'unité de mesure de la quantité de courant débitée.

OHM est l'unité de résistance (R ou ⌐).

Plus un fil est mince et long, plus la résistance est grande ; plus le fil est gros et court, plus la résistance est faible.

Plus la difficulté de passage de courant par un fil est grande, plus la résistance est élevée et le nombre d'Oнмs considérable ; et plus le passage est facile, moins la résistance est forte et plus les Oнмs sont faibles.

WATTS (W) est l'unité de la puissance électrique.

Le produit de :

$$E \times I = \text{Watt}.$$

donc indique le travail fourni.

COURANT = Tension : Résistance.

TENSION = Courant × Résistance.

RÉSISTANCE = Tension : Courant.

Transformons cette formule en lettres et on a :

Courant = I ; Tension = E ; Résistance = R.

$$I = \frac{E}{R} \; ; \; E = I \times R \; ; \; R = \frac{E}{I}.$$

Calcul de la Résistance.

La résistance de 1 m. de cuivre pur et 1 $\frac{\%}{•}$2 = 0.0172 ohms à (15° c).

C'est ce qu'on appelle la Résistance spécifique ;

La Résistance d'un fil est donc :

$$\text{Résistance} = \frac{\text{Résistance spécifique} \times \text{longueur en mètres}}{\text{Section du fil en } \frac{\%}{•}2}$$

Prenons donc :

$$\text{Résistance spécifique} = x$$
$$\text{—} \quad \text{totale} = R$$
$$\text{Longueur en mètres} = L$$
$$\text{Section en } \tfrac{\%}{•}2 = S$$

et on a :

$$R = \frac{x \times L}{S}$$

$$S = \frac{x \times L}{R}$$

$$L = \frac{S \times R}{x}$$

$$x = \frac{S \times R}{L}$$

Pour faciliter le calcul : au lieu de prendre la longueur totale, prenons la longueur simple, mais au lieu de multiplier par 0.017, vous multiplierez toujours alors par 0.034.

Il est entendu que la résistance spécifique varie avec la nature du conducteur.

Résistances Spécifiques exprimées en Ohms.

Aluminium	0.0300
Antimoine.	0.427
Argent	0.0157
Bismuth.	1.176
Cuivre	0.017
Etain.	0.109
Fer.	0.105
Mercure	0.940
Nickel	0.125
Or.	0.02
Platine	0.134
Plomb	0.188
Zinc	0.06
Maillechort	0.260
Nickeline	0.412
Charbon de cornue (lampes à arc).	40. —

Piles de Sonnerie.

MONTAGE EN SÉRIE : Donne plus de voltage et de résistance, mais n'a comme ampèrage que celui d'une seule pile.

Ce genre de montage est bon pour les sonneries.

Prenons 10 Piles de E. 2, de R. 0,2 et de I. 10 Amp. et on aura :

$$E = 2 \times 10 = 20 \text{ Volts.}$$
$$R = 0.2 \times 10 = 2 \text{ Ohms.}$$
$$I = 20 : 2 = 10 \text{ Ampères.}$$

MONTAGE EN PARALLÈLE SIMPLE : Dans ce cas, le voltage reste celui d'une pile. — La résistance diminue d'autant de fois qu'il y a de piles reliées ; mais l'Ampèrage augmente, et on a :

$$R = 0.2 : 10 = 0,02 \text{ Ohms.}$$
$$E = 2 \text{ Volts.}$$
$$I = 2 : 0.02 = 100 \text{ Ampères.}$$

Ce genre de montage est très bon pour la galvanoplastie, qui demande beaucoup d'Ampères et peu de Volts.

Montage en Parallèle multiple : Signifie relier les piles en séries par groupes, puis les séries reliées en parallèles ; donnent proportionnellement et du Voltage et de l'Ampèrage.

Dans ce cas : le Voltage est égal à celui d'une série.

La Résistance est égale à celle de la première série, divisée par le nombre de séries.

L'Ampèrage est égal à celui d'une pile, multipliée par le nombre de séries.

Prenons : 1re série de 5 piles.

$$E = 2 \times 5 = 10 \text{ Volts.}$$
$$R = 0.2 \times 5 = 1 \text{ Ohm.}$$

Pour deux séries, on a :

$$1 \text{ Ohm} : 2 \text{ séries} = 0.5 \text{ Ohm.}$$
$$I = 10 : 0.5 = 20 \text{ Ampères.}$$

Donc, le Voltage et l'Ampèrage sont en proportions.

Résistance de Fil en Ohm

La résistance d'un fil de 1 mètre de long et 1 ⅍² est 10.000 fois si grande.

La résistance change avec la température.

Les nombres suivants valent pour la température d'intérieur (chambre).

	104.0		104.0
Aluminium.	0.031	Argent	0.016
Antimoine	0.38	Tantale	0.16
Plomb	0.21	Bismuth.	1.3
Fer	0.11	Zinc	0.06
Or.	0.022	Etain.	0.14
Iridium	0.053	Constantan.	0.49
Cadmium	0.076	Manganin	0.42
Cuivre	0.017	Laiton . . . 0.07 à	0.09
Nickel	0.13	Argentan. . . 0.2 à	0.4
Platine	0.093	Nickeline	0.43
Mercure	0.958		

Un fil, dont la résistance est de 1 Ohm a, pour une section de 1 $\frac{m}{m}2$ la longueur suivante :

	mètres		mètres
Aluminium	33	Argentan	3
Plomb.	5	Nickel.	7.5
Fer	9	Platine.	11
Or	45.5	Mercure	1
Cuivre.	59	Argent.	62
Constantan	2	Bismuth	0.8
Manganin	2.5	Zinc.	16.5
Laiton	13	Etain	7

Résistances spécifiques et Conductibilité de quelques Fluides

(à 18° C)

	Résistance d'un cm3 en Ohm	Conductibilité
Dissolution de sel commun (10 %)	8.26	0.121
— — — (saturé)	4.64	0.216
Sulfate de cuivre (10 %)	31.25	0.032
Acide nitrique (30 %)	1.28	0.782
— :muriatique (30 %)	1.51	0.662
— sulfurique (30 %)	1.35	0.739
Nitrate d'argent (10 %)	20.83	0.048
Sulfate de zinc (10 %)	31.25	0.032
Eau pure	25.10^6	0.00000004

Poids et Résistances électriques des Fils de cuivre haute conductibilité.

Diamètre en millimètres	Section en m/m 2	Poids en grammes par mètre	Longueur en mètres par kilogramme	Résistance en ohms à 0°c. par kilomètre	Résistance en ohms à 0°c. par kilogramme
0.1	0.0079	0.0699	14306.	2034.2	29100.
0.2	0.0314	0.2796	3576.	508.230	1817.
0.3	0.0707	0.6291	1589.	226.020	359.280
0.4	0.1257	1.1184	894.1	127.140	113.680
0.5	0.1963	1.7475	572.2	81.580	46.560
0.6	0.2827	2.5164	397.3	56.640	22.450
0.7	0.3848	3.4251	291.9	41.514	12.120
0.8	0.5027	4.4736	223.5	31.784	7.136
0.9	0.6362	5.6619	176.6	25.113	4.455
1.0	0.7854	6.9900	143.0	20.432	2.910
1.1	0.9503	8.4580	118.2	16.811	2.004
1.2	1.1310	10.066	99.34	14.126	1.409
1.3	1.3273	10.813	84.65	12.036	1.025
1.4	1.5394	13.700	72.99	10.378	0.761
1.5	1.7671	15.728	63.58	9.040	0.579
1.6	2.0106	17.895	55.88	7.946	0.445
1.7	2.2698	20.201	49.50	7.038	0.349
1.8	2.5447	22.648	44.15	6.278	0.277
1.9	2.8353	25.234	39.62	5.634	0.223
2.0	3.1416	27.960	35.76	5.085	0.181
2.1	3.4636	30.826	32.44	4.612	0.150
2.2	3.8013	33.832	29.55	4.202	0.124
2.3	4.1548	36.977	27.04	3.845	0.103
2.4	4.5239	40.263	24.83	3.531	0.088
2.5	4.9087	43.688	22.89	2.254	0.074
2.6	5.3093	47.253	21.16	3.009	0.063
2.7	5.7256	50.957	19.62	2.790	0.054
2.8	6.1575	54.802	18.24	2.594	0.047
2.9	6.6052	58.786	17.01	2.418	0.041
3.0	7.0686	62.910	15.89	2.255	0.036
3.1	7.5477	67.174	14.88	2.116	0.032
3.2	8.0425	71.578	13.97	1.986	0.027

Diamètre en millimètres	Section en m/m²	Poids en grammes par mètre	Longueur en mètres par kilogramme	Résistance en ohms à 0°c. par kilomètre	Résistance en ohms à 0°c. par kilogramme
3.3	8.5530	76.122	13.13	1.867	0.024
3.4	9.0792	80.805	12.37	1.759	0.021
3.5	9.6211	85.628	11.67	1.660	0.019
3.6	10.1788	90.510	10.03	1.569	0.017
3.7	10.7521	95.675	10.45	1.485	0.015
3.8	11.3412	100.92	9.90	1.408	0.013
3.9	11.9459	116.26	9.40	1.337	0.012
4.0	12.5664	111.84	8.94	1.271	0.011
4.1	13.2025	117.48	8.51	1.210	0.010
4.2	13.8544	123.26	8.11	1.153	0.009
4.3	14.5220	129.22	7.73	1.100	0.0085
4.4	15.2053	135.28	7.39	1.050	0.0077
4.5	15.9043	141.51	7.06	1.004	0.0071
4.6	16.6190	147.82	6.76	0.961	0.0065
4.7	17.3494	154.32	6.47	0.920	0.0059
4.8	18.0956	161.00	6.20	0.882	0.0054
4.9	18.8574	167.76	5.95	0.847	0.0050
5.0	19.6350	174.74	5.72	0.813	0.0046
5.1	20.4282	181.81	5.500	0.782	0.00430
5.2	21.2372	189.01	5.291	0.750	0.00397
5.3	22.0618	196.35	5.093	0.724	0.00360
5.4	22.9022	203.83	4.917	0.697	0.00343
5.5	23.7583	211.45	4.729	0.672	0.00308
5.6	24.6301	219.21	4.562	0.648	0.00296
5.7	25.5176	227.11	4.403	0.626	0.00276
5.8	26.4208	235.14	4.253	0.604	0.00257
5.9	27.3597	242.32	4.110	0.584	0.00240
6.0	28.2743	251.64	3.974	0.565	0.00224
6.1	29.2247	260.10	3.845	0.546	0.00210
6.2	30.1907	268.70	3.722	0.529	0.00197
6.3	31.1725	277.43	3.605	0.512	0.00184
6.4	32.1699	286.31	3.493	0.496	0.00175
6.5	33.1831	295.33	3.386	0.481	0.00163
6.6	34.2120	304.49	3.284	0.466	0.00153

Diamètre en millimètres	Section en m/m₂	Poids en grammes par mètre	Longueur en mètres par kilogramme	Résistance en ohms à 0°c. par kilomètre	Résistance en ohms à 0°c. par kilogramme
6.7	35.2565	313.78	3.187	0.453	0.00144
6.8	36.3168	323.22	3.087	0.439	0.00136
6.9	37.3930	332.80	3.000	0.427	0.00128
7.0	38.4845	342.51	2.920	0.415	0.00121
7.1	39.5928	352.37	2.838	0.403	0.00115
7.2	40.7150	362.36	2.760	0.392	0.00108
7.3	41.8539	372.50	2.685	0.381	0.00103
7.4	43.0085	382.70	2.613	0.371	0.00096
7.5	44.1786	393.19	2.545	0.361	0.00091
7.6	45.3646	403.74	2.477	0.352	0.00087
7.7	46.5663	414.44	2.413	0.343	0.00082
7.8	47.7836	425.27	2.351	0.334	0.00078
7.9	49.0167	436.25	2.290	0.325	0.00074
8.0	50.2655	447.36	2.235	0.317	0.00071
8.1	51.5300	458.62	2.181	0.310	0.00067
8.2	52.8102	470.01	2.128	0.302	0.00064
8.3	54.1061	481.54	2.077	0.295	0.00061
8.4	55.4177	493.22	2.028	0.288	0.00058
8.5	56.7450	505.03	1.980	0.281	0.00055
8.6	58.0881	516.98	1.934	0.275	0.00053
8.7	59.4468	529.08	1.890	0.268	0.00050
8.8	60.8212	541.31	1.847	0.262	0.00048
8.9	62.2114	553.67	1.806	0.256	0.00046
9.0	63.6173	566.19	1.766	0.251	0.00044
9.1	65.0388	578.85	1.728	0.245	0.00042
9.2	66.4761	591.64	1.690	0.240	0.00044
9.3	67.9291	604.57	1.654	0.235	0.00039
9.4	69.3978	617.64	1.619	0.230	0.00037
9.5	70.8822	630.85	1.585	0.225	0.00035
9.6	72.3823	644.20	1.552	0.220	0.00034
9.7	73.8981	657.69	1.521	0.216	0.00032
9.8	75.4297	671.32	1.490	0.211	0.00031
9.9	76.9769	685.09	1.460	0.207	0.00030
10.0	78.5398	699.00	1.431	0.203	0.00029

Câbles nus en Cuivre de haute conductibilité.

Nombre de Fils	Diamètre de chaque Fil m/m	Section du Câble m/m 2	Diamètre du Câble en m/m	Poids au kilomètre Kg.	Longueur en mètres par kilogramme	Résistance en ohms à 0°c. par kilomètre
7	0.5	1.37	1.5	12.600	79.30	12.87
7	0.6	1.98	1.8	18.200	55.00	8.98
7	0.7	2.69	2.1	24.700	40.50	6.65
7	0.8	3.51	2.4	32.300	31.00	5.01
7	0.9	4.45	2.7	40.900	24.50	4.02
7	1.0	5.50	3.0	50.400	19.80	3.26
7	1.1	6.65	3.3	61.000	16.40	2.97
7	1.14	7.00	3.4	65.600	15.25	2.50
7	1.2	7.91	3.6	72.600	13.80	2.25
7	1.3	9.30	3.9	85.200	11.70	1.90
7	1.4	10.80	4.2	98.800	10.10	1.65
7	1.5	12.40	4.5	113.400	8.80	1.45
7	1.6	14.00	4.8	129.100	7.75	1.27
7	1.7	15.90	5.1	145.700	6.85	1.12
7	1.8	17.80	5.4	163.300	6.15	1.00
7	1.9	19.80	5.7	182.000	5.50	0.85
7	2.0	22.00	6.0	202.700	4.90	0.73
7	2.1	24.24	6.3	223.300	4.50	0.66
7	2.2	26.61	6.6	245.100	4.10	0.60
7	2.3	29.08	6.9	268.000	3.70	0.55
7	2.4	31.66	7.2	291.700	3.40	0.51
7	2.5	34.36	7.5	316.500	3.15	0.47
7	2.6	37.16	7.8	342.300	2.90	0.43
7	2.7	40.20	8.1	369.200	2.70	0.40
19	0.5	3.73	2.5	34.500	29.00	4.28
19	0.6	5.37	3.0	49.700	20.10	2.97
19	0.7	7.31	3.5	67.700	14.75	2.18
19	0.8	9.51	4.0	88.400	11.30	1.67
19	0.9	12.08	4.5	111.900	8.95	1.32
19	1.0	14.90	5.0	138.100	7.25	1.07
19	1.1	18.05	5.5	167.100	6.00	0.95
19	1.14	19.00	5.7	179.600	5.55	0.90
19	1.2	21.50	6.0	199.000	5.00	0.81
19	1.3	25.21	6.5	233.400	4.30	0.71
19	1.4	29.24	7.0	270.700	3.70	0.61
19	1.5	33.57	7.5	310.800	3.20	0.53
19	1.6	38.19	8.0	353.600	2.85	0.46
19	1.7	43.11	8.5	399.200	2.50	0.41
19	1.8	48.33	9.0	447.500	2.25	0.36
19	1.9	53.70	9.5	498.600	2.00	0.33
19	2.0	59.68	10.0	552.500	1.80	0.30
19	2.1	65.80	10.5	609.100	1.65	0.26
19	2.2	72.22	11.0	668.500	1.50	0.23
19	2.3	78.94	11.5	730.700	1.35	0.20
19	2.4	85.95	12.0	795.600	1.25	0.18
19	2.5	93.26	12.5	863.300	1.15	0.17
19	2.6	100.87	13.0	933.700	1.10	0.15

Nombre de Fils	Diamètre de chaque Fil m/m	Section du Câble m/m₂	Diamètre du Câble en m/m	Poids au kilomètre Kg.	Longueur en mètres par kilogramme	Résistance en ohms à 0°c. par kilomètre
37	1.4	57.00	9.8	548.7	1.80	0.31
37	1.5	65.40	10.5	661.5	1.65	0.26
37	1.6	74.37	11.2	695.2	1.45	0.23
37	1.7	84.00	11.9	784.8	1.25	0.21
37	1.8	94.13	12.6	879.9	1.15	0.19
37	1.9	104.90	13.3	980.3	1.02	0.17
37	2.0	116.24	14.0	1086.2	0.92	0.15
37	2.1	128.15	14.7	1197.6	0.84	0.13
37	2.2	140.65	15.4	1314.4	0.76	0.12
37	2.3	153.72	16.0	1436.6	0.70	0.109
37	2.4	168.38	16.8	1594.2	0.63	0.104
37	2.5	181.62	17.5	1697.3	0.60	0.099
37	2.6	196.44	18.2	1835.6	0.55	0.083
37	2.7	211.84	18.9	1979.7	0.50	0.078
37	2.8	227.82	19.6	2129.	0.47	0.074
37	2.9	244.39	20.3	2283.8	0.43	0.070
37	3.0	261.54	21.0	2444.	0.41	0.068
61	1.5	107.80	13.5	1026	0.98	0.148
61	1.6	122.66	14.4	1168	0.86	0.130
61	1.7	138.45	15.3	1318	0.76	0.115
61	1.8	155.22	16.2	1478	0.68	0.102
61	1.9	172.95	17.1	1647	0.60	0.092
61	2.0	191.63	18.0	1825	0.55	0.083
61	2.1	211.28	18.9	2012	0.50	0.075
61	2.2	231.88	19.8	2208	0.45	0.068
61	2.3	253.44	20.7	2413	0.42	0.063
61	2.4	276.00	21.6	2628	0.38	0.058
61	2.5	299.43	22.5	2852	0.35	0.053
61	2.6	323.87	23.4	3084	0.32	0.049
61	2.7	349.26	24.3	3326	0.30	0.045
61	2.8	375.60	25.2	3545	0.28	0.042
61	2.9	403.00	26.1	3837	0.26	0.039
61	3.0	431.18	27.0	4106	0.24	0.036
91	1.8	231.50	19.8	2150	0.45	0.069
91	1.9	258.00	20.9	2400	0.40	0.062
91	2.0	285.80	22.0	2660	0.36	0.055
91	2.1	315.18	23.1	3057	0.32	0.050
91	2.2	345.92	24.2	3355	0.29	0.046
91	2.3	378.00	25.3	3667	0.27	0.042
91	2.4	411.67	26.4	3993	0.25	0.038
91	2.5	446.70	27.5	4333	0.23	0.035
91	2.6	483.14	28.6	4578	0.22	0.033
91	2.7	521.00	29.7	5054	0.19	0.030
91	2.8	560.33	30.8	5435	0.18	0.028
91	2.9	601.00	31.9	5831	0.17	0.026
91	3.0	643.24	33.0	6240	0.16	0.024

Dimensions de Fils recouverts de soie et de coton pour Constructions de Machines et Appareils.

FILS DE CUIVRE

Diamètre des Fils en m/m	Sections en m/m²	Résistance en ohms par kilomètre 15°c.	Nombre de mètres de fil nu par Kgr.	Poids du kilomètre de fil nu Kgr.
5/100	0.00196	8700	57600	0.048
10/100	0.00785	2175	14400	0.070
12/100	0.01131	1512	9960	0.100
15/100	0.01767	967	6400	0.157
18/100	0.02544	672	4425	0.226
20/100	0.03141	544	3600	0.279
22/100	0.03801	450	2960	0.337
25/100	0.04908	349	2300	0.436
30/100	0.07068	242	1600	0.627
35/100	0.09621	178	1170	0.854
40/100	0.12566	136	900	1.116
45/100	0.15904	100.45	706	1.4155
50/100	0.19635	87	576	1.743
60/100	0.2827	60.50	400	2.510
70/100	0.3848	44.40	292	3.417
80/100	0.5027	34	224	4.463
90/100	0.6362	26.90	177	5.648
1 ‰	0.7854	21.75	144	6.973

FILS DE MAILLECHORT

Diamètre des Fils en m/m	Sections en m/m²	Nombre de mètres par Kgr. de fil nu	Poids du kilomètre de fil nu Kg.
4/100	0.00125	90700	0.011
5/100	0.00196	59000	0.016
6/100	0.00282	40800	0.044
8/100	0.00502	22950	0.055
10/100	0.00785	14700	0.069
12/100	0.01131	10200	0.098
15/100	0.01767	6550	0.154
18/100	0.02544	4530	0.271
21/100	0.03141	3690	0.373
25/100	0.04908	2355	0.426
30/100	0.07068	1640	0.612
35/100	0.09621	1200	0.835
40/100	0.12566	920	1.090
50/100	0.19635	589	1.700
60/100	0.2727	410	2.450
70/100	0.3848	299	3.340
80/100	0.5027	230	4.360
1 ‰	0.7854	147	6.810

FILS ET CABLES EN CUIVRE

La conductibilité du cuivre employé pour les **conducteurs électriques** est de 0.98 à 15°.

La densité est de 8.91.

Fils.

Le nombre des millimètres carrés de la section, égale le nombre des décimètres cubes du kilomètre.

Le poids kilométrique d'un fil en kilogrammes est égal au nombre de millimètres carrés de sa section multiplié par 8.91.

$$P = S \times 8.91$$

Le diamètre d'un fil en millimètres, connaissant sa section en millimètres carrés, est obtenu par la formule :

$$D = \sqrt{\frac{4}{\pi}\,S} = \sqrt{1.27\,S}.$$

Câbles.

Le poids par kilomètre, d'un câble à un toron en kilogrammes, est égal au nombre de millimètres carrés de sa section multiplié par 9.35 :

$$P = S \times 9.35$$

Le poids kilométrique d'un câble à plusieurs torons en **Kgr.** :

$$P = S \times 9.8$$

Le poids kilométrique d'un câble en grelin :

$$P = S \times 10.33$$

La résistance à la rupture d'un fil de cuivre rouge recuit de haute conductibilité (98 %) est d'environ 34 kilogrammes par m/m² et d'un fil de cuivre dur de 40 à 45 kilos par m/m² selon le diamètre.

La résistance à la rupture par m/m² augmente lorsque le diamètre d'un fil diminue.

Le fil de bronze phosphoreux d'environ 95 % de conductibilité a une résistance à la rupture de 45 kilos, celui d'environ 40 % de conductibilité a une résistance de 70 kilos par m/m².

UNITÉS DE MESURES

Ampère — est l'unité de l'intensité de courant.

Ohm — est l'unité de la résistance électrique.

Volt — est l'unité de la force électromotrice.

Puissance d'un ampère dans un conducteur d'un volt de tension s'appelle WATT.

Travail — Le travail d'un watt pendant une heure s'appelle WATTHEURE.

Coulomb — est la quantité de courant qui traverse à 1 ampère et par seconde un conducteur. S'appelle également AMPÈRE-SEC.

Farad — est la capacité d'un condensateur électrique, laquelle est chargée par une Ampère-Seconde sur 1 Volt.

Henry — est le coefficient d'induction d'un conducteur, auquel un volt est induit, par le changement symétrique de l'intensité de courant à un Ampère dans une seconde.

PRINCIPALES UNITÉS

Joule. — Unité de travail. Travail d'un coulomb pour une différence de potentiel d'un Volt.

Watt. — Unité de puissance mécanique. Puissance d'un courant d'un ampère d'intensité pour une différence de potentiel de 1 volt ; 1 cheval-vapeur vaut 736 Watts.

Calorie. — Quantité de chaleur nécessaire pour élever d'un degré centigrade la température d'un kilogramme d'eau. La production d'une calorie exige une dépense de 425 kilogrammètres.

425 est donc l'équivalent mécanique de la chaleur.

NOTIONS DU TRAVAIL, INTENSITÉ DU COURANT ET DE LA TENSION

I. — Travail Mécanique.

Vitesse = Course/temps.
Accélération = Vitesse (accroissement) × temps.
Puissance = Accélération × masse.
Travail = Masse × course.
Puissance = Travail × temps.
Poids = Masse × accélération.
Travail = Poids × hauteur de chute.

II. — Travail de Dilatation (expansion).

Travail = Accroissement de volume × pression.
Travail = Volume × Accroissement de pression.
Pression = Poids/surface.

III. — Travail Chimique.

Energie = Potentiel chimique × Matière.

IV. — Travail Electrique.

Quantité d'Electricité est comptée en coulomb.
Résistance en Ohm.
Intensité de courant (Ampère) = Quantité d'électricité × temps.
Différence potentielle ou tension (Volt) = Intensité de courant (A) × Résistance.
Travail (Watt. Sec.) = Tension (Volt) × Quantité de courant.
Puissance (Watt) = Tension (Volt) × Intensité de courant (Amp.).
Travail = Tension × Intensité de courant × temps.

V. — Chaleur.

TRAVAIL = Différence de température × Quantité de chaleur.

MESURES

) Unité d'Electricité

Hectowatt	=	100 Watts.
Kilowatt	=	1.000 —
Wattheure	=	3.600 Watts-sec. ou Joule.
Hectowattheure	=	100 Wattheures.
Kilowattheure	=	1.000 —

Unité Mécanique.

| 1 HP Sec. | = 75 kilogr. mètre. |
| 1 HP | = 75 kgm. par sec. |

Pour l'électricité on a :

1 HP = 736 Watts.   1 HP heure = 0.736 Kw.Heure
1 Kgm/sec. = 9.81 Watts.   1 Kgm. = 9.81 Joule.

$$1 \text{ Kw.heure} = 1.36 \text{ HP heure} = 367.000 \text{ Kgm.}$$

Unité de Chaleur.

$$1 \text{ Kg. Cal.} = 427.2 \text{ Kgm.} = 427.2 \times 9.81 \text{ Joule}$$
$$= 4189 \text{ Joule} = 4189 \times 10^7 \text{ Erg.}$$

On prend : 1 calorie = **425** Kgm.

Distance à donner aux Charbons

de lampe à arc pour que l'arc ait une longueur en rapport
avec l'intensité du courant.

AMPÉRAGE de la Lampe	LONGUEUR de l'Arc en millimètres	AMPÉRAGE de la Lampe	LONGUEUR de l'Arc en millimètres
4	1.5	20	4.5
6	2	30	5
8	2.5	40	6
10	3	50	7
16	4	75	9 à 10

Le crayon supérieur d'une lampe à arc est le positif, le crayon inférieur négatif.

Sous l'influence de la combustion, il se creuse un cratère dans le crayon supérieur, tandis que le crayon inférieur devient pointu.

Le crayon positif s'use deux fois si vite que le négatif.

Pour avoir une usure égale, on fait le crayon positif deux fois si gros que le négatif.

Voici les épaisseurs qui s'appliquent aux charbons positifs :

Ø m/m	Ampèrage de la Lampe	Ø m/m	Ampèrage de la Lampe
2	2 à 3	13	15 à 24
4	3 à 5	14	16 à 25
5	4 à 6	15	25 à 30
7	7 à 10	17	30 à 45
9	10 à 11	18	35 à 60
10	11 à 15	20	40 à 80
11	12 à 16	25	50 à 120
12	13 à 20	30	80 à 180

Lampes à Incandescence

Chaque lampe filament à charbon brûlant à la tension pour laquelle elle a été construite absorbe 3.5 watts par bougie.

Ainsi une lampe de 16 B. à 110 volts consomme :

$$16 \times 3.5 = 56 \text{ watts.}$$
$$56 : 110 = 0.5 \text{ Amp. environ.}$$

Le même calcul se fait pour toutes les lampes filament à charbon.

Une lampe à filament métallique dit « Economique » absorbe 1 watt par bougie. Donc une lampe de 50 B. à 110 volts consomme :

$$50 \times 1 = 50 \text{ Watts.}$$
$$50 \times 110 = 0.45 \text{ Amp.}$$

Notez qu'on ne tolère généralement que 3 volts pour survoltage ou dévoltage, sans nuire à son pouvoir éclairant.

Installation d'Appartement.

Pour savoir le nombre de bougies à placer dans une pièce, il faut calculer la surface du plancher.

Considérons les appartements de 3 à 4 mètres de haut.

Pour un éclairage ordinaire, on prend 2 à 3 bougies par m² du plancher, et pour un éclairage intense, 4 à 7 bougies.

Eclairage des Cafés.

Dans ces établissements on exige généralement un éclairage intense, c'est-à-dire on compte 8 à 9 bougies par m².

Au cas qu'on place des lampes à arc 8 Amp. 33 à 45 volts, il faut, quand un arc brûle seul, mettre cette lampe pour une surface de 30 m² ; mais si l'arc brûle en éclairage combiné avec des lampes à incandescence, on place un arc pour 100 m².

Eclairage Industriel.

Un arc de 8 Amp. 45 volts placé sur 10 m. de haut, éclaire convenablement 200 m².

Pour un éclairage moyen, on place l'arc :

de 10 Amp.	de 8 à 10 mètres de haut.
— 13 —	— 15 à 16 — —
— 15 —	— 18 — —
— 18 —	— 20 — —

Ces hauteurs sont bonnes sur les chantiers de terrassements, mais pour des travaux de maçonnerie, il faut les mettre à 4 m. de haut.

En général, une lampe à arc ordinaire répand une quantité de lumière telle que, si l'on se trouve immédiatement en dessous, la propagation se fait dans un cercle DONT LE RAYON EST ÉGAL A LA HAUTEUR DE LA LAMPE DU SOL.

Le pouvoir éclairant de la lampe sur le sol est donné par la formule $\dfrac{B}{R^2}$ dans quoi B signifie le nombre de Bougies (pouvoir éclairant de la lampe) et R la hauteur de la lampe.

EXEMPLE :

Une lampe de 800 B., à 5 m. de hauteur donne sur le sol un pouvoir éclairant de :

$$\frac{800}{5^2} = \frac{800}{25} = 32 \text{ Bougies}$$

Si la hauteur serait 6 m., on aurait :

$$\frac{800}{6^2} = \frac{800}{36} = 22 \text{ Bougies environ.}$$

Nombre de Bougies nécessaires par 1 m² de surface à éclairer.

Couloir et corridor.	1 à 2	B.
Cave	1 à 2	—
Vestibule.	2 à 3	—
Belle entrée	3 à 4	—
W.-C. (généralement 1 lampe de . . .	25	—
Cuisine	2 à 3	—
Salle à manger	7 à 8	—
Salon	9 à 10	—
Chambre à coucher.	2 à 3	—
— — d'étranger	3 à 4	—
Bureau de commerce	6 à 7	—
— dessin.	8 à 9	—
Vérandahs	5 à 6	—
Cafés	9 à 10	—
Salle de spectacle	10 à 12	B. et plus.
Magasin	5 à 6	B.
Devantures — Etalages	100 à 150	B. et plus.
Classes	4 à 5	B.
Casernes.	2 à 3	—
Eglises	4 à 5	—

Données servant à calculer un bon éclairage intérieur suivant la destination de la pièce.

DESCRIPTION	LUX éclairage moyen horizontal à une distance d'un mètre du sol
Chambres à coucher, cuisines, débarras, caves .	15
Salles à manger, salons, boudoirs, fumoirs . . .	40
Entrepôts à marchandises	15
Bureaux et places similaires	40
Salles de dessin	60
— de réunions ou de conférences	40
Boutiques et magasins	40
Grands magasins et bazars	60
Ateliers	25
— d'art	40
Restaurants et salles de banquets	50
Salles de fêtes et de concerts	60
— — avec éclairage de grand luxe. . .	80

Tableau pour le calcul de l'Eclairage en Lux à différentes hauteurs et distances horizontales.

(La bougie Hefner étant prise pour unité.)

(H) HAUTEUR EN MÈTRES	DISTANCE HORIZONTALE DU PIED DE LA LAMPE (l) EN MÈTRES									
	1	2	3	4	5	6	7	8	9	10
1	0.356	0.09	0.0316	0.0142	0.0076	0.0045	0.0029	0.0020	0.0013	0.0009
2	0.1785	0.0855	0.0427	0.0223	0.0128	0.009	0.0052	0.0035	0.0025	0.0018
3	0.0945	0.0645	0.0391	0.0241	0.0152	0.0096	0.0068	0.0047	0.0035	0.0026
4	0.0571	0.0445	0.0320	0.0220	0.0151	0.0109	0.0069	0.0056	0.0041	0.0032
5	0.0378	0.0321	0.0254	0.0189	0.014	0.0105	0.0078	0.0059	0.0046	0.0036
6	0.0269	0.0238	0.0191	0.0164	0.0125	0.0098	0.0076	0.0060	0.0048	0.0038
7	0.0198	0.0181	0.0187	0.0119	0.0109	0.0089	0.0072	0.0058	0.0047	0.0037
8	0.0151	0.0141	0.0126	0.0110	0.0095	0.0080	0.0066	0.0056	0.0045	0.0037
9	0.0119	0.0112	0.0104	0.0090	0.0082	0.0073	0.0061	0.0050	0.0044	0.0036
10	0.0098	0.0094	0.0089	0.0081	0.0071	0.0063	0.0054	0.0048	0.0041	0.0035

Ce tableau est basé sur la formule :

$$\text{Lux} = \frac{H K \times H}{\sqrt{H^2 + 1^2}\,^3} \quad \text{en supposant } H K = 1.$$

(La bougie Hefner $= 1$).

Pour trouver l'éclairage en « Lux » d'un point déterminé de la pièce à éclairer, multilplier la force lumineuse de la source de lumière (nombre de bougies de la lampe) par le chiffre du dernier tableau trouvé à l'intersection des colonnes hauteur et distance correspondantes.

Les facteurs secondaires, comme les conditions de l'armature, le genre de courbes des rayons lumineux, la réfraction des rayons au plafond et aux murs, n'ont pas été pris en considération dans les chiffres du tableau.

CALCUL DES CONDUCTEURS

Pour calculer convenablement la section d'un conducteur, il faut tenir compte d'un facteur important, qui est la « PERTE EN VOLTS », autrement dit « PERTE DE LIGNE ».

Un conducteur, pour laisser passer un certain nombre d'ampères, doit avoir une certaine grosseur.

Il est donc nécessaire de combiner le plus juste diamètre, et de chercher la section d'un conducteur avec la plus faible « PERTE EN VOLTS », car une perte en Volts, produit une « PERTE EN WATTS ».

En effet :

Prenons sur une certaine longueur une perte de 3 Volts sur un courant de 50 Amp., et on a :

$$50 \times 3 = 150 \text{ Watts.}$$

Admettons qu'une dynamo travaille 12 heures, cela fait :

$$150 \times 12 = 1.800 \text{ Watts par jour.}$$

Pour trouver la PERTE DE LIGNE en VOLTS, on multiplie la Résistance de la ligne par l'intensité.

Nous savons que

$$R = \frac{V}{I} \quad \text{et que} \quad R = \frac{x \times L}{S}$$

Prenons un conducteur de 400 m. de long et de 10 m/m², il y passe 20 Amp. Quelle sera la perte de ligne dans ce conducteur ?

Elle sera : $\qquad R \times I$

ou :

$$\frac{L \times x}{S} \times I = \frac{400 \times 0.017}{10} = 0.68 \text{ Ohm.}$$

La perte en Volts est donc :

$$0.68 \times 20 = 13{,}60 \text{ Volts}$$

Comme ce sont les Watts qui nous coûtent, cherchons la perte de consommation, qu'on appelle également :

Perte de Rendement.

Cette perte s'exprime par la formule :

$$R \times I^2$$

Dans l'exemple ci-devant, on a :

$$R \times 20 \times 20$$

ou :

$$0.68 \times 20 \times 20 = 0.68 \times 20^2 = \mathbf{272 \text{ Watts.}}$$

Pour bien comprendre la formule, suivons les données :

$$R \times A = V.$$

et

$$V \times A = W \text{ (Watts)}$$

Mais :

$$R = \frac{x\,L}{S} \quad \text{et } A = I \text{ (intensité)}$$

Par conséquent, on a :

$$\frac{x\,L}{S} \times I = (V) \times I = W.$$

ou

$$\frac{x\,L}{S} \times I \times I = W.$$

Donc :

$$\frac{x\,L}{S} \times I^2 = W.$$

Epaisseur à donner à un Conducteur.

L'épaisseur d'un conducteur dépend de l'ampérage que ce fil doit transporter.

Il y a lieu de tenir compte de la perte de ligne qui se produit dans tous conducteurs.

Avant de calculer, on doit tenir compte de deux cas, savoir :

PREMIER CAS

Si les récepteurs se trouvent à l'extrémité de la ligne.

DEUXIÈME CAS

Ou s'ils se trouvent répartis à différents endroits.

Pour le premier cas, la formule est :

$$S = \frac{0.034 \times l \times I}{a}$$

S = Section en m/m².

l = Longueur simple de la ligne.

I = Ampérage total à transporter.

a = Perte de ligne en volts.

0.034 = Résistance en Ohm.

En réalité, la résistance spécifique du cuivre est de 0.017. Or, avec ce dernier chiffre, on est obligé de prendre la double ligne. C'est-à-dire, la ligne aller et retour ; pour éviter soit des erreurs ou des oublis, il est préférable de prendre, c'est-à-dire de doubler la résistance spécifique, et de calculer seulement avec la simple longueur.

Par conséquent, au lieu de prendre 0,017 on prend 0.034.

EXEMPLE :

Supposons qu'une source d'électricité alimente deux lampes de 8 ampères, montées en série sur un courant de 220 volts.

La distance de la dynamo est de 175 m. La perte de ligne ne peut dépasser 1.5 %. Quelle est la section à donner ?

Cherchons d'abord la perte autorisée, et on a :

$$\frac{220 \times 1.5}{100} = 3.3. \text{ Volts}$$

Donc la section est :

$$S = \frac{0.034 \times l \times I}{a} \quad \text{ou} \quad \frac{0.034 \times 175 \times 8}{3.3} = 14.4 \text{ \%}^2$$

DEUXIÈME CAS

Supposons une colonne montante d'un immeuble à quatre étages, et que le secteur exige une section uniforme pour toute la colonne ; voici comment on procède :

Admettons que les différents étages absorbent une intensité telle que :

Pour le 1er étage 20 amp.

   — 2e — 15 —

   — 3e — 10 —

   — 4e — 10 —

La figure représente la colonne, comme ci-dessous :

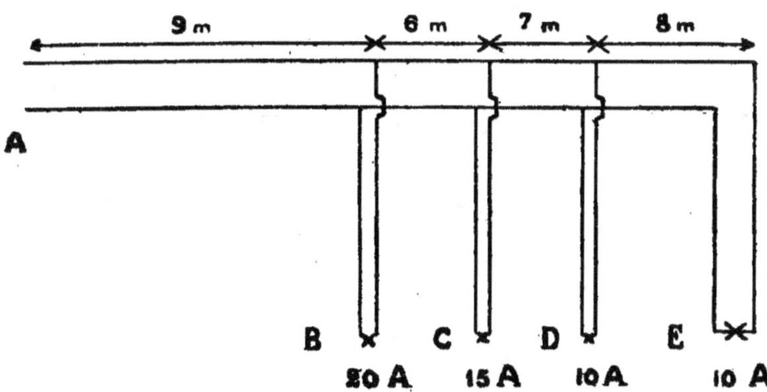

La distance de la source au 1er étage est de 9 m.

   — du 1er étage au 2e — — 6 —

   — 2e — 3e — — 7 —

   — 3e — 4e — — 8 —

Le voltage est 110, et la perte de ligne est de 1.5 % ; par conséquent, la perte totale autorisée est de :

$$\frac{110 \times 1.5}{100} = 1.65 \text{ V.}$$

et on a la formule suivante :

$$S = \frac{0.034[8 \times 10 + (10 + 10)7 + (15 + 10 + 10)6 + (20 + 15 + 10 + 10)9]}{1.65} =$$

$$= \frac{0.034 \times 925}{1.65} = \frac{31.45}{1.65} = 19,06 \ ^{m}/_{m}^{2}.$$

Donc la section carrée de cette colonne est de :

$$19.06 \ ^{m}/_{m}^{2}$$

Il arrive parfois que la concurrence exige un calcul minutieux et que, tout en observant la section en rapport de l'intensité qu'un fil doit transporter, il est possible d'obtenir une diminution de prix de revient, en calculant la colonne montante suivant l'importance de l'Etage ; en d'autres termes, de changer de section par étage.

Dans ce dernier cas, on procède de la façon suivante, pour chaque étage, savoir :

Pour le 4e étage
$$\frac{0.034 \times 8 \times 10}{1.65}$$

— 3e —
$$\frac{0.034 \times [(10 + 10) 7]}{1.65}$$

— 2e —
$$\frac{0.034 \times [(10 + 10 + 15) 6]}{1.65}$$

— 1er —
$$\frac{0.034 \times [(10 + 10 + 15 + 20) 9]}{1.65}$$

Aide-Mémoire, par G. Poelaert.

Section en m/m² pour pertes dans les lignes de 1 à 10 volts pour réseaux à 2 fils à courant continu.

Ampères long· simple en mètres	PERTES EN VOLTS																
	1	1.1	1.2	1.3	1.4	1.5	2	2.4	3	3.5	4	5	6	7	8	9	10
25	1	1	1	1	1	1	1	1	1	1	1	1	1	1	1	1	1
50	2.5	2.5	1.5	1.5	1.5	1.5	1	1	1	1	1	1	1	1	1	1	1
100	4	4	4	4	2.5	2.5	2.5	1.5	1.5	1	1	1	1	1	1	1	1
120	6	4	4	4	4	4	2.5	2.5	1.5	1.5	1	1	1	1	1	1	1
150	6	6	6	6	4	4	4	2.5	2.5	1.5	1.5	1.5	1	1	1	1	1
180	10	6	6	6	6	6	4	4	2.5	2.5	2.5	1.5	1.5	1	1	1	1
200	10	10	6	6	6	6	4	4	2.5	2.5	2.5	1.5	1.5	1	1	1	1
240	10	10	10	10	6	6	6	4	4	2.5	2.5	2.5	1.5	1.5	1.5	1	1
300	16	10	10	10	10	10	6	6	4	4	4	2.5	2.5	1.5	1.5	1.5	1.5
340	16	16	10	10	10	10	6	6	4	4	4	2.5	2.5	2.5	1.5	1.5	1.5
400	16	16	16	16	10	10	10	10	6	4	4	4	2.5	2.5	2.5	2.5	1.5
450	16	16	16	16	16	16	10	10	6	4	4	4	4	2.5	2.5	2.5	2.5
500	25	16	16	16	16	16	10	10	6	6	6	4	4	2.5	2.5	2.5	2.5
550	25	25	16	16	16	16	10	10	10	6	6	4	4	4	2.5	2.5	2.5
600	25	25	25	25	16	16	16	10	10	6	6	6	4	4	4	2.5	2.5
650	25	25	25	25	25	16	16	10	10	10	6	6	4	4	4	4	2.5
700	25	25	25	25	25	25	16	16	10	10	10	6	6	4	4	4	2.5
750	35	25	25	25	25	25	16	16	10	10	10	6	6	4	4	4	4
800	35	35	25	25	25	25	16	16	10	10	10	6	6	4	4	4	4
850	35	35	35	25	25	25	16	16	10	10	10	6	6	6	4	4	4
900	35	35	35	25	25	25	16	16	16	10	10	10	6	6	4	4	4
950	35	35	35	35	25	25	25	16	16	10	10	10	6	6	6	4	4
1000	35	35	35	35	25	25	25	16	16	10	10	10	6	6	6	4	4
1500	70	50	50	50	50	35	35	25	25	16	16	16	10	10	10	6	6
2000	70	70	70	70	50	50	35	35	25	25	25	16	16	10	10	10	10
2400	95	95	70	70	70	70	50	35	35	25	25	25	16	16	16	10	10
3000	120	120	95	95	95	70	70	50	35	35	35	25	25	16	16	16	16
3400	120	120	120	95	95	95	70	50	50	35	35	25	25	25	16	16	16
4000	150	150	120	120	120	95	70	70	50	50	35	35	25	25	25	16	16
4400	185	150	150	120	120	120	95	70	70	50	50	35	35	25	25	25	16
5000	185	185	150	150	150	120	95	95	70	50	50	35	35	25	25	25	25
6000	240	240	185	185	185	150	120	95	70	70	70	50	35	35	35	25	25
7000	310	310	240	185	185	185	150	120	95	70	70	50	50	35	35	35	25
8000	310	310	240	240	240	185	150	150	95	95	95	70	50	50	35	35	35
9000	400	310	310	310	240	240	185	150	120	95	95	70	70	50	50	35	35
10 000	400	400	310	310	310	240	185	185	120	120	95	70	70	50	50	50	35

Charges admises pour les Câbles souterrains.

DESIGNATION DU CABLE	POUR TENSION jusqu'à VOLTS	CHARGE ADMISE EN AMPÈRES POUR UNE SECTION DE MILLIMÈTRES CARRÉS																				
		1	1.5	2.5	4	6	10	16	25	35	50	70	95	120	150	185	240	310	400	500	625	800	1000
Simple conducteur pour courant continu avec et sans fil pilote.	700	24	31	41	55	70	95	130	170	210	260	320	385	450	510	575	670	785	910	1035	1190	1380	1585
Double conducteur toronné.	3000	»	»	»	42	53	70	95	125	150	190	230	275	315	360	405	470	545	635	»	»	»	»
idem.	3000 à 10000	»	»	»	»	»	65	9	115	140	175	215	255	290	335	380	»	»	»	»	»	»	»
Triple conducteur toronné.	3000	»	»	»	37	47	65	85	110	135	165	200	240	280	315	360	420	490	570	»	»	»	»
idem.	3000 à 10000	»	»	»	»	»	60	80	105	125	155	190	225	260	300	340	»	»	»	»	»	»	»
Quadruple conducteur toronné.	3000	»	»	»	34	43	57	75	100	120	150	185	220	250	290	330	385	445	»	»	»	»	»
idem.	3000 à 10000	»	»	»	»	»	55	70	95	115	140	170	205	240	275	310	»	»	»	»	»	»	»

Section d'un Câble perdant un Volt pour une intensité du courant « i » sous une longueur « L ».

	LONGUEUR L EN MÈTRES																							
I	10	20	30	40	50	60	70	80	90	100	120	140	160	180	200	250	300	400	500	600	700	800	900	1000
0.5	0.184	0.168	0.252	0.336	0.42	0.50	0.58	0.67	0.75	0.84	1.00	1.16	1.34	1.5	1.68	2.1	2.52	3.36	4.2	5.0	5.8	6.7	7.5	8.4
1	0.169	0.33	0.50	0.67	0.84	1.00	1.16	1.24	1.50	1.68	2.00	2.32	2.68	3.	3.30	4.2	5.00	6.7	8.4	10.0	11.6	13.4	15.0	16.8
2	0.338	0.67	1.00	1.352	1.69	2.02	2.36	2.70	3.04	3.38	4.04	4.72	5.40	6.08	6.70	8.4	10.1	13.5	16.9	20.2	23.6	27.0	30.4	33.8
3	0.507	1.01	1.52	2.02	2.53	3.04	3.54	4.05	4.56	5.07	6.08	7.03	8.1	9.12	10.1	12.6	15.2	20.2	25.3	30.4	35.4	40.5	45.6	51
4	0.676	1.35	2.02	2.70	3.38	4.04	4.73	5.40	6.08	6.76	8.08	9.46	10.8	12.1	13.5	16.9	20.2	27.0	33.8	40.4	47.3	54	61	67
5	0.84	1.68	2.52	3.36	4.20	5.00	5.8	6.7	7.5	8.4	10.0	11.6	13.4	15.0	16.8	21.0	25.2	33.6	42	50	58	67	75	84
6	1.01	2.02	3.03	4.04	5.05	6.06	7.07	8.08	9.09	10.1	12.1	14.14	16.1	18.1	20.2	25.2	30.3	40.4	50	60	71	81	91	101
7	1.18	2.36	3.54	4.72	5.90	7.08	8.26	9.44	10.62	11.8	14.1	16.52	18.8	21.2	23.6	29.5	35.4	47.2	59	71	82	94	106	118
8	1.35	2.70	4.04	5.40	6.76	8.08	9.46	10.80	12.1	13.4	16.1	18.92	21.6	24.2	27.0	33.8	40.4	54	67	81	94	108	121	135
9	1.52	3.04	4.56	6.08	7.60	9.12	10.6	12.1	13.6	15.2	18.2	21.2	24.2	27.2	30.4	38.0	45.6	61	76	91	106	121	136	152
10	1.69	3.38	5.07	6.70	8.4	10.0	11.6	13.4	15.0	16.8	20.0	23.2	26.8	30.0	33.8	42.0	50	67	84	100	116	134	150	168
11	1.86	3.72	5.58	7.44	9.3	11.1	13.02	14.8	16.7	18.6	22.2	26.0	29.6	33.4	37.2	46.5	56	74	93	111	130	148	167	186
12	2.02	4.04	6.6	8.08	10.1	12.1	14.14	16.1	18.1	20.2	24.2	28.3	32.2	36.2	40.4	50.5	60	81	101	121	141	161	181	202
13	2.19	4.38	6.57	8.76	10.9	13.1	15.3	17.5	19.7	21.9	26.2	30.6	35.0	39.4	43.8	54	66	87	109	131	153	175	197	219
14	2.36	4.72	7.08	9.44	11.8	14.1	16.5	19.8	21.2	23.6	28.2	33.0	39.6	42.4	47.2	59	71	94	118	141	165	198	212	236
15	2.53	5.07	7.60	10.1	12.6	15.2	17.7	20.2	22.7	25.3	30.4	35.4	40.4	45.4	50	63	76	101	126	152	177	202	227	253
16	2.70	5.40	8.10	10.8	13.5	16.2	18.9	21.6	24.3	27.0	32.4	37.8	43.2	48.6	54	67	81	108	135	162	189	216	243	270
17	2.87	5.74	8.61	11.4	14.3	17.2	20.0	22.8	25.8	28.7	34.4	40.0	45.6	51.6	57	71	86	114	143	172	200	228	258	287
18	3.04	6.08	9.12	12.1	15.2	18.2	21.2	24.2	27.3	30.4	36.4	42.4	48.4	54	60	76	91	121	152	182	212	242	273	304
19	3.21	6.42	9.63	12.8	16.0	19.2	22.4	25.6	28.8	32.1	38.4	44.8	51	57	64	80	96	128	160	192	224	256	288	321
20	3.38	6.76	10.14	15.5	16.9	20.2	23.6	26.8	30.4	33.8	40.4	47	53	60	67	84	101	155	169	202	236	268	304	338
25	4.22	8.44	12.66	16.88	21.1	25.3	29.5	33.7	37.9	42.2	50	59	67	75	84	105	126	169	211	253	295	337	379	422

Tableau des Intensités à admettre pour les Fils et Câbles isolés au caoutchouc et non placés souterrainement.

SECTION en m/m₂	INTENSITÉ TOTALE en Ampères	DENSITÉ en Ampères par m/m₂	INTENSITÉ DU COUPE-CIRCUIT en Ampères
0.75	9	12	6
1	11	11	6
1.50	14	9.3	10
2.50	20	8	15
4	25	6.2	20
6	31	5.1	25
10	47	4.7	35
16	70	4.3	60
25	100	4	80
35	125	3.5	100
50	160	3.2	125
70	200	2.8	160
95	240	2.5	190
120	280	2.3	225
150	325	2.1	260
185	380	2	300
240	450	1.8	360
310	540	1.7	430
400	640	1.6	500
500	760	1.5	600
625	880	1.4	700
800	1050	1.3	850
1000	1250	1.25	1000

G. P.

Tableau des Intensités à admettre dans les Câbles à un conducteur
avec ou sans fil pilote pour tension de 700 volts posés dans le sol.

SECTION en m/m₂	INTENSITÉ TOTALE en Ampères	DENSITÉ DE COURANT en Ampères par m/m₂
1	24	24
1.5	31	20.6
2.5	41	16.6
4	55	13.7
6	70	11.6
10	95	9.5
16	130	8.1
25	170	6.8
35	210	6
50	260	5.2
70	320	4.5
95	385	4
120	450	3.7
150	510	3.4
185	575	3.1
240	670	2.7
310	785	2.5
400	910	2.2
500	1035	2
625	1190	1.9
800	1380	1.7
1000	1585	1.5

Ces intensités correspondent à un échauffement de 25° centigrades ; elles peuvent être légèrement dépassées pour des surcharges momentanées.

D'après le V. D. E.

Courant Alternatif.

Le courant alternatif est préféré au courant continu, ceci pour cause d'économie.

Avec un courant alternatif on peut faire un très grand voltage et petit ampèrage ; de ce fait, la PERTE EN VOLTS et en RENDEMENT est de beaucoup moindre qu'à courant continu.

En effet :

Supposons qu'il faut transporter 10.000 Watts à courant continu à 100 volts, à une distance de 500 mètres ; la charge tolérée est de 2 Amp. par $\%_m^2$.

On a :

$$10000 : 100 = 100 \text{ Amp.}$$

à raison de 2 A. par $\%_m^2$,

cela fait :

$$\frac{100}{2} = 50 \ \%_m^2$$

La perte de ligne & Rendement, est de :

$$\frac{1000 \times 0.017}{50} = 0.34 \times 100^2 = 3400 \text{ Watts.}$$

Avec le courant alternatif, on prend 1000 Volts et 10 Amp. (1000 × 10 = 10000 Watts) et on a une section de $\frac{10}{2} = 5 \ \%_m^2$.

La perte de ligne & Rendement, est de :

$$\frac{1000 \times 0.017}{5} = 3,4 \times 10^2 = 340 \text{ Watts.}$$

Méthode de calcul d'une Canalisation triphasée.

Pour trouver la section carrée d'une canalisation triphasée, et ne connaissant l'ampèrage, on procède de la façon suivante :

On cherche d'abord le nombre de Watts à transporter ; puis l'ampèrage.

Après, on cherche la PERTE EN WATTS qu'on appelle PERTE EN CHARGE dans le courant triphasé (ne pas confondre la perte de ligne comme dans le courant continu).

Une fois ces différents facteurs obtenus, on multiplie la longueur de la ligne par la résistance spécifique du métal du conducteur, puis par le carré des ampères, et puis par le nombre de fils de la ligne (3).

Ce produit global divisé par la PERTE EN CHARGE, donne la section carrée cherchée.

EXEMPLE :

Transportons en canalisation triphasée de 3.500 m. une force de 150 HP à 2.000 volts, la perte au récepteur est de 12 HP.

La ligne et le récepteur ont un facteur de puissance de Cos. φ 0.8, et on a :

$$150 \times 736 = 1.73 \times 2000 \times I \times 0.8.$$

d'où :

$$I = \frac{150 \times 736}{1.73 \times 2000 \times 0.8} = 39,8 \text{ Amp. environ.}$$

La perte en charge =

$$R \times I^2 \times 3 = 12 \times 736$$

Or :

$$R \times I^2 \times 3 = \frac{L\,x}{S} \times I^2 \times 3$$

d'où :

$$\frac{L\,x}{S} \times I^2 \times 3 = 12 \times 736$$

Par conséquent :

$$\frac{3500 \times 0.017 \times 39.8^2 \times 3}{S} = 12 \times 736$$

et on a :

$$S = \frac{3500 \times 0.017 \times 39.8^2 \times 3}{12 \times 736} = 32 \, \text{m}\text{/}\text{m}^2 \text{ environ}$$

ou un fil de 6,4 ‰ de diamètre.

$$736 = 1 \text{ HP.}$$

Formules pour les Lignes aériennes.

D   =   Distance des points d'attaches.

a   =   Flèche en mètres.

d   =   Densité du fil (8.91 pour cuivre nu).

R   =   Résistance à la rupture (Kg : $\frac{m}{m}^2$) de la section métallique.

T   =   Tension au point le plus bas.

C   =   Coefficient de sécurité (généralement 0.2).

c   =   Coefficient de dilatation linéaire (cuivre et bronze : 0.000017).

L   =   Longueur développée du fil ou câble.

AL   =   Allongement.

V   =   Variation de température.

$$ a = \frac{D^2\,d}{8000\,R\,C} = \frac{D^2\,d}{8000\,T} $$

$$ T = \frac{D^2\,d}{8000\,a} \qquad\qquad L = \frac{8\,a^2}{3\,D} + D $$

$$ AL = L.c.V. $$
$$ L' = L + AL = L(1 + cV) $$

De cette dernière formule, on peut déduire, ce que deviennent la flèche **a** et la tension **T** pour une variation de température **V** exprimée en degrés centigrades.

Les formules ci-devant s'appliquent pour les canalisations formées par un fil de métal nu.

Au cas que le câble serait isolé, la densité **d** du fil doit être remplacée par la valeur **d¹** qu'on obtient par la formule suivante :

$$ P = \text{poids du conducteur isolé.} $$
$$ P^1 = \text{—} \qquad\qquad \text{—} \qquad \text{nu.} $$

$$ d^1 = \frac{P}{P^1}\,d $$

$$ d = 8.91 \text{ pour le cuivre.} $$

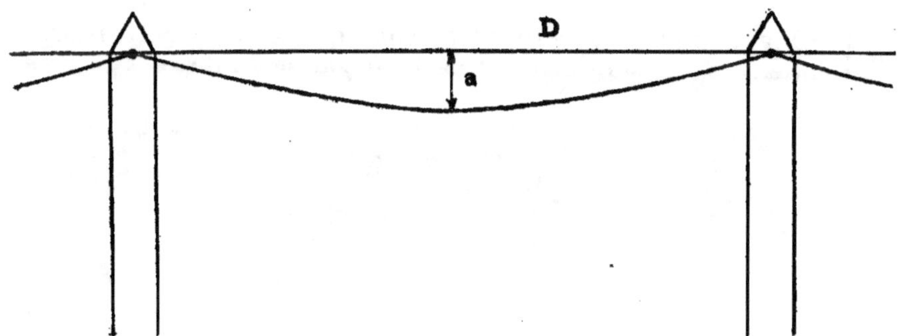

a = Valeur de la Courbe.

TEMPÉRATURE EN CENTIGRADES	VALEUR DE a	
	FLEXION POUR UNE PORTÉE DE :	
	40 m.	50 m.
— 5°	0.55 m	0.80 m
0°	0.57 »	0.82 »
+ 5°	0.60 »	0.85 »
+ 10°	0.64 »	0.90 »
+ 15°	0.70 »	0.94 »
+ 20°	0.77 »	0.98 »

Calcul de Conducteurs dérivés.

Lorsque plusieurs résistances sont montées en série, la R totale = à la somme de toutes les résistances.

$$R = a + b + c$$

2° Quand une résistance est dérivée sur une autre, la résistance totale est égale au produit des deux résistances, divisé par leur somme.

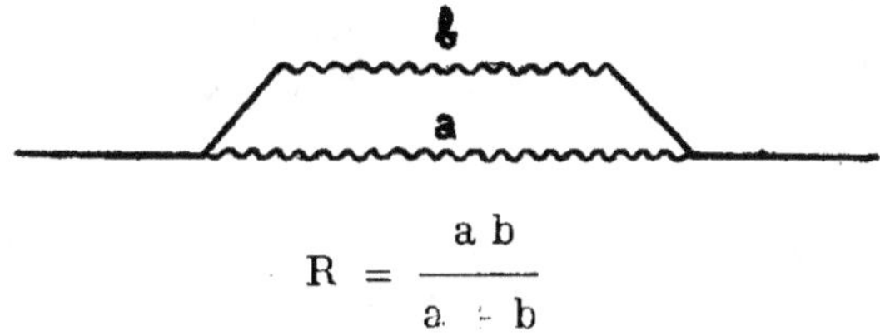

$$R = \frac{a\,b}{a + b}$$

3º Quand plusieurs résistances sont montées en dérivations, on obtient la résistance totale de la façon suivante :

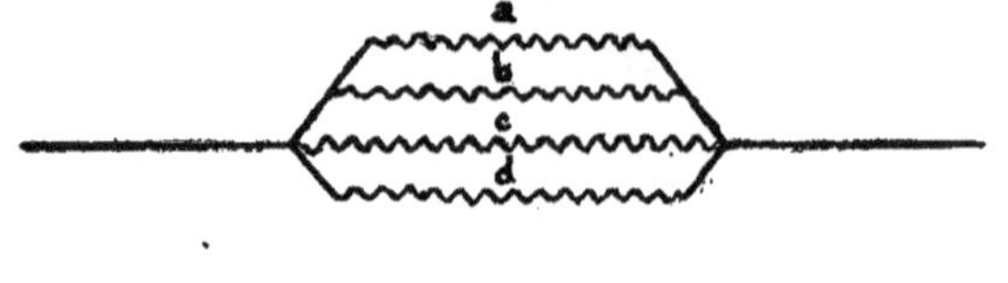

$$\frac{1}{R} = \frac{1}{a} + \frac{1}{b} + \frac{1}{c} + \frac{1}{d}$$

Supposons : a = 2

b = 3

c = 6

d = 5

et on a :

$$\frac{1}{R} = \frac{1}{2} + \frac{1}{3} + \frac{1}{6} + \frac{1}{5}$$

Réduisons au même dénominateur :

$$\frac{1}{R} = \frac{15}{30} + \frac{10}{30} + \frac{5}{30} + \frac{6}{30} = \frac{36}{30}$$

$$\frac{1}{R} = \frac{36}{30} \quad \text{ou} \quad R = \frac{30}{36} = \frac{5}{6} \text{ ohm}$$

4º Pour obtenir une résistance déterminée malgré que la résistance existante soit supérieure ou inférieure, on procède de la façon suivante :

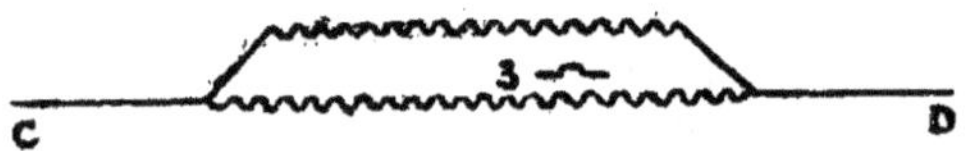

Supposons qu'entre C D, il existe une résistance de 3 ohms ; on veut obtenir une résistance de 2 ohms.

Quelle est celle à ajouter pour obtenir ces 2 ohms ?

Nous savons que la résistance totale de deux conducteurs dérivés est égale au produit des deux R divisé par leur somme, et on a :

$$R = 2.$$

Donc :

$$2 = \frac{x \times 3}{x + 3}$$

Il faut chercher la valeur de x.

On a :

$$x \times 3 : x + 3 = 2$$

Or :

$$x \times 3 = (x + 3)\,2$$

Ou :

$$3\,x = 2\,x + 6$$

Mais :

$$6 = 3\,x - 2\,x = 1\,x$$

Par conséquent :

$$x = 6 \text{ ohms.}$$

Donc le conducteur à dériver aura une résistance de 6 ohms.

PREUVE :

$$\frac{3 \times 6}{3 + 6} = \frac{18}{9} = 2 \textbf{ ohms.}$$

Réducteur de Tension.

Une réduction de tension ou plutôt une chute de tension est obtenue par l'intercalation d'une résistance auxiliaire ; voyons par quel moyen nous obtenons le diamètre du fil à intercaler, ainsi que sa longueur, afin d'assurer la différence de potentiel désirée, aux bornes de la réceptrice.

Ce diamètre et cette longueur dépendent de la composition de l'alliage de ce fil.

Il s'agit, par conséquent, d'un

Calcul d'une Résistance.

Pour calculer une résistance, on doit tenir compte de la chaleur qui passe par le conducteur sous forme de courant, ainsi que de la résistivité de ce conducteur.

Cette chaleur produit une augmentation de température jusqu'elle ait atteint son maximum, c'est-à-dire jusqu'elle ne monte plus.

A ce moment, la CHALEUR COMMUNIQUÉE est égale à la CHALEUR RAYONNANTE.

Il résulte de ce qui précède, qu'il est utile de chercher d'abord la

Chaleur produite.

Nous savons que :

$$1 \text{ Kgm} = 9.81 \text{ Joule}$$

Mais :

$$1 \text{ calorie Kgr. Degré} = 425 \text{ Kgm.}$$

Par conséquent :

$$1 \text{ calorie Kgr. Degré} = 425 \times 9.81 = 4169.25 \text{ Joules.}$$

La CHALEUR PRODUITE, qu'on appelle aussi ÉNERGIE THERMIQUE, s'appelle : EFFET DE JOULE.

Et on a la valeur de :

$$1 \text{ Joule} = \frac{1}{4169.25}$$

Prenant $\dfrac{1}{4169} = 0.00023986$ Calorie Kgr Degré, réduisant cette

expression en Calorie gramme Degré, on a :

$$\text{C. K. D.} = 0.00023986$$

et :

$$\text{C. g. D.} = 0.23986 \text{ ou } 0.24 \text{ environ}$$

Pour obtenir l'

Energie Thermique

on multiplie la valeur de 1. C. g. D. par la R (résistance) et par le carré de l'intensité (I), passant ou devant traverser le conducteur ; et on a :

$$0.24 \times R \times I^2 = 0.24 \, R \, I^2$$

Passons maintenant à la recherche de la

Chaleur Rayonnante.

Ce résultat est obtenu par la multiplication du coefficient de variations à la température (appelée constante) par le produit de la surface rayonnante du corps en cm² par l'élévation de température.

Désignons :

$$C \quad = \quad \text{Constante (C. t. calories).}$$
$$O \quad = \quad \text{Surface Rayonnante en cm².}$$
$$t \quad = \quad \text{élévation de température.}$$

et on a :

$$\text{Chaleur rayonnante} = \text{C. O. t.}$$

Il résulte de ce qui précède que :

$$0.24. \text{ R. } I^2 = \text{C. O. t.} \qquad (1)$$

D'après la loi d'Ohm on a :

$$R = \frac{x \times l}{S} ; \qquad L = \frac{R \times S}{x} \qquad \text{et} \qquad S = \frac{\pi D^2}{4}$$

ICI :

$$R \quad = \quad \text{Résistance totale.}$$
$$x \quad = \quad \text{Résistance spécifique.}$$
$$L \quad = \quad \text{Longueur en mètres.}$$
$$S \quad = \quad \text{Section carrée en } \%.$$

Donc :

$$\frac{x \times L}{\frac{\pi D^2}{4}} = R$$

Ci-après nous donnerons la longueur en cm. ; par conséquent, la section sera en cm² ; de ce fait introduisons au dénominateur le nombre de 10000, et on obtient pour :

$$R = \frac{x \times L}{\frac{\pi D^2}{4} \times 10000}$$

La formule (1) devient la suivante :

$$0.24 \times \frac{x \times L}{\dfrac{\pi\,D^2}{4} \times 10000} \times I^2 = C.\ O.\ t. \qquad (2)$$

Remplaçons O en (2) par π. d. L.

et la formule définitive est :

$$0.24 \times \frac{x \times L}{\dfrac{\pi\,D^2}{4} \times 10000} \times I^2 = C.\ \pi.\ d.\ L.\ t.$$

Détermination du Diamètre du Fil.

Avant de chercher le diamètre d'un fil, il s'agit de déterminer la résistivité du fil à employer ; comme dit plus haut, cette résistivité dépend de la composition du métal.

Prenons, par exemple, un alliage très apprécié de la Maison Driver, et qui est dénommé sous :

Fil « ALLIAGE 193 ».

La résistance en Ohms par 100 m. de fil de cet alliage à 24° C. et de 2.90 ‰ de diamètre = 6.55 ‰² est de 13.34 ohms (C = 0,00072 par degré C.).

Nous savons que la R. d'un fil à t° est obtenue par la formule suivante :

$$\left[\frac{x\ (1 + c \times t)}{S} \right] L = R$$

ou :

$$\left[\frac{x\ (1 + 0.00072 \times 24)}{6.55} \right] 100 = 13.34\ \text{ohms.}$$

Mais :

$$\left[\frac{x \times 1.01728}{6.55} \right] 100 = 13.34$$

Or :

$$x \times 1.01728 \times 100 = 13.34 \times 6.55$$

et on a :

$$x = \frac{13.34 \times 6.55}{1.01728 \times 100} = \mathbf{0.8589} \text{ ohm.}$$

Supposons que je veux obtenir 20 volts aux bornes de la réceptrice, et que le réseau est de 110 volts, le débit d'une intensité de 3 Amp.

La différence de potentiel au moment que toute la résistance est en circuit sera de 20 volts ; il faut par conséquent une réduction de :

$$110 - 20 = 90 \text{ volts,}$$

et on a :

$$I R = 110 - 20 = \mathbf{90} \text{ volts.}$$

Le débit étant de 3 Amp., la résistance a une valeur de :

$$R = \frac{90}{3} = \mathbf{30} \text{ ohms.}$$

CHERCHONS maintenant le diamètre du fil « Alliage 193 » :

On a la formule :

$$0.24 \times \frac{x \times 1}{\frac{\pi D^2}{4} \times 10000} \times I^2 = C. \times \pi D \, 1 \times t$$

D'où :

$$0.24. \; I^2. \; x. \; 1 = \frac{\pi D^2. \, 10000. \, C. \, \pi. \, D. \, 1. \, t}{4}$$

Mais :

$$0.24. \; 4. \; I^2. \; x. \; 1 = \pi D^2. \, 10000. \, C. \, \pi. \, D. \, 1. \, t$$
$$= \pi^2 D^3. \, 10000. \, C. \, 1. \, t.$$

ou :

$$D^3 = \frac{0.24. \; 4. \; I^2. \; x. \; 1}{\pi^2. \, 10000. \, C. \, 1. \, t} = \frac{0,24. \; 4 \, I^2. \; x.}{\pi^2. \, 10000. \, C. \, t}$$

et la formule définitive pour obtenir le diamètre du fil en cm. est :

$$D \text{ (cm)} = 0,0214 \sqrt[3]{\frac{x \times I^2}{C \times t}}$$

Ne connaissant pas la valeur de C dans l'expression :

$$D \ (cm) = 0,0214 \ \sqrt[3]{\frac{x \times I^2}{C \times t}}$$

on trouve ce coefficient par la formule suivante :

Nous savons que :

$$0,24. \ R. \ I^2 = C. \ O. \ t.$$

ou :

$$0,24 \ \frac{x \times 1}{\frac{\pi \ d^2}{4} \ 10000} \ I^2 = C. \ O. \ t.$$

et :

$$C = \frac{0,24. \ x. \ 1. \ I^2. \ 4}{\pi^2. \ d^3. \ 10000. \ 1. \ t.} = \frac{0,24. \ 4. \ x. \ I^2.}{\pi^2. \ d^3. \ 10000. \ t.}$$

Or, C est généralement calculé à une température de 60° ; le diamètre du fil est exprimé en cm. ainsi que sa longueur, et la résistance en ohms ; et on a :

$$C = \frac{0,24. \ R. \ I^2}{O \ t} = \frac{0,24. \ R. \ I^2}{\pi. \ d. \ 1. \ t.}$$

Cherchons maintenant la valeur de C du fil ALLIAGE 193 et supposons ce fil d'une longueur de 100 cm ; le diamètre étant 0.1 cm, la température 60°, le courant de passage 1 Amp.

Sa résistance spécifique étant de 0,8589 ohm.

Commençons par chercher la résistance de ce fil ; nous savons que :

$$R = \frac{x \ 1}{S} = \frac{0.8589 \times 1}{\frac{\pi \ 1^2}{4}} = \frac{0.8589 \times 1 \times 4}{3.14 \times 1^2} = 1.09$$

Donc :

$$C = \frac{0.24 \times 1^2 \times 1.09}{3.14 \times 0,1 \times 100 \times 60°} = \frac{0.2616}{1884}$$

$$= 0,0001388.$$

Par conséquent, le diamètre du fil ALLIAGE 193 nécessaire, en admettant une élévation de température à 90° sera de :

$$0.0214 \sqrt[3]{\frac{0.8589 \times 3^2}{0.0001388 \times 90}} = 0.0214 \sqrt[3]{\frac{7.7301}{0.0124920}} =$$

$$= 0.0214 \sqrt[3]{618.804} = 0.0214 \times 8.5 = \mathbf{0.1819} \text{ cm.}$$

$$= \mathbf{1.819}\ \text{‰} = \mathbf{2,59737}\ \text{‰}^2$$

Pour savoir la longueur, on doit se conformer à la formule de la loi d'OHM.

$$R = \frac{x\,1}{S} \quad \text{ou} \quad L = \frac{R \times S}{x}$$

et on a comme longueur :

$$\frac{30 \times 2.59737}{0.8589} = \mathbf{90.72} \text{ m.}$$

G. P.

TABLEAU

**donnant en degré le décalage des phases
et le facteur de puissance correspondant.**

5°	=	0.99	30°	=	0.86
10°	=	0.98	35°	=	0.82
15°	=	0.96	40°	=	0.75
20°	=	0.94	45°	=	0.70
25°	=	0.90	50°	=	0.65

Le facteur de puissance en électricité est exprimé par le terme :

$$\text{Cos} \quad \varphi \quad \text{(cosinus phi)}$$

Si on dit que le cos φ d'un courant est 0.70, cela signifie que le décalage des phases se fait à 45° et que le facteur de puissance est de 0.70.

Puissance d'un Courant alternatif.

La puissance moyenne ou monophasé est :

$$P\,M = E.\ \text{eff} \times I.\ \text{eff.} \times \cos \varphi$$

Or :

E. eff. = E. maximum × 0.7 et I. eff. = I. maximum × 0.7.

Mais :

E. moy. = 0.637. E. max. et I. moy. = 0.637. I. max.

Il résulte de ce qui précède que la

$$P\,M = \frac{E.\ \text{moy.} \times 0.7}{0.637} \times \frac{I.\ \text{moy.} \times 0.7}{0.637} \times \cos \varphi$$

EXEMPLE :

Supposons que le voltmètre indique 220 V. et l'ampèremètre 80 Amp. courant alternatif simple avec cos φ = 0,8 ; on aura pour puissance moyenne :

$$\frac{0.7 \times 220}{0.637} \times \frac{0.7 \times 80}{0.637} \times \cos 0.8 = \textbf{17036 Watts.}$$

Prenons ici une Connexion λ Etoile.

On a à l'intérieur des machines des valeurs différentes à celles de la ligne, et cela dans les rapports suivants :

$$\text{Tension de ligne} = \text{Tension de phase} \times \sqrt{3}.$$

et

$$\text{Intensité de ligne} = \text{Intensité de phase.}$$

Dans une Connexion △ Triangle,

On a :

$$\text{Intensité de ligne} = \text{Intensité de phase} \times \sqrt{3}.$$
$$\text{Tension de ligne} = \text{Tension de phase}$$
$$\sqrt{3} = 1.73.$$

Pour trouver la puissance en Watts, dans un courant alternatif, on fait le triple produit de E de phase par I de phase, ou :

$$\text{Watts} = 3 \times \text{E. de phase} \times \text{I. de phase.}$$

Ici abstraction est faite du cos φ

En λ on a :

$$\text{E de phase} = \frac{\text{E de ligne}}{1.73}$$

Donc :

$$3 \times \frac{\text{E de ligne}}{1.73} \times \text{I de ligne}$$

ou :

$$\frac{3}{1.73} \times \text{E de ligne} \times \text{I de ligne}$$

qui donne :

$$1.73 \times \text{E moyenne} \times \text{I moyenne}$$

ou simplement :

$$1.73 \times \text{E} \times \text{I}$$

En $\triangle$ on a :

$$\text{I de phase} = \frac{\text{I de ligne}}{1.73}$$

Donc :

$$3 \times \text{E de ligne} \times \frac{\text{I de ligne}}{1.73}$$

ou :

$$\frac{3}{1.73} \times \text{E de ligne} \times \text{I de ligne}$$

qui donne :

$$1.73 \times \text{E moyenne} \times \text{I moyenne}$$

ou simplement :

$$1.73 \times \text{E} \times \text{I}$$

Pour les moteurs à courant alternatif on a la formule :

$$P.\ M. = 1.73 \times E \times I \times \cos \varphi.$$

Au cas que les machines alimentent des lampes (c'est-à-dire où il n'y a pas d'induction), la valeur de cos φ = 1.

EXEMPLE :

Un alternateur fournit 160 Amp. à 220 Volts à des moteurs (cos φ 0.8).

Le nombre de Watts fournis sera :

$$1.73 \times 220 \times 160 \times 0.8 = \mathbf{48716,8}\ \text{W.}$$

Ce même alternateur fournit à des lampes, la puissance sera :

$$1.73 \times 220 \times 160 \times 1 = \mathbf{60896}\ \text{W.}$$

Tableau des Puissances à transmettre, avec indications des Dimensions des Courroies correspondantes. — Tableau des Courroies.

Largeur de la courroie en m/m	Epaisseur de la courroie en m/m	PUISSANCE EN CHEVAUX A TRANSMETTRE, LA VITESSE DE LA COURROIE ÉTANT :												
		MÈTRES PAR SECONDE												
		7	8	10	12	14	16	18	20	22	24	26	28	30
50	4	2.3	2.7	3.3	4.0	4.7	5.3	6.0	6.7	7.3	8.0	8.7	9.3	10.0
60	4	2.8	3.2	4.0	4.8	5.6	6.4	7.2	8.0	8.8	9.6	10.4	11.2	12.0
70	5	4.0	4.6	5.7	6.9	8.0	9.2	10.3	11.5	12.6	13.8	14.9	16.0	17.2
80	5	4.7	5.3	6.7	8.0	9.3	10.7	12.0	13.3	14.7	16.0	17.3	18.7	20.0
90	5	5.2	6.0	7.5	9.0	10.4	11.9	13.4	14.9	16.2	17.9	19.4	20.9	22.4
100	6	7.0	8.0	10.0	12.0	14.0	16.0	18.0	20.0	22.0	24.0	26.0	28.0	30.0
110	6	7.6	8.7	10.9	13.1	15.3	17.5	19.7	21.9	24.0	26.2	28.4	30.6	32.8
120	6	8.4	9.6	12.0	14.4	16.8	19.2	21.6	24.0	26.4	28.8	31.2	33.6	36.0
130	6	9.0	10.3	12.9	15.5	18.1	20.7	23.3	25.9	28.4	31.0	33.6	36.2	38.8
140	7	11.4	13.0	16.3	19.5	22.8	26.0	29.3	32.5	35.8	39.0	42.3	45.5	48.8
160	7	13.1	14.9	18.7	22.4	26.1	29.9	33.6	37.3	41.1	44.8	48.5	52.0	56.0
180	7	14.6	16.7	20.9	25.1	29.3	33.5	37.7	41.9	46.0	50.2	54.4	59.0	63.8
200	7	16.3	18.7	23.3	28.0	32.7	37.3	42.0	46.7	51.0	56.0	61.0	65.3	70.0

La vitesse de la courroie V, nécessaire pour l'utilisation du tableau ci-devant, peut être déterminée d'après la formule ci-dessous :

$$V = \frac{n \times d \times 3.14}{60 \times 1000} \text{ m. par seconde.}$$

n = Nombre de tours par minute d'une des deux poulies.
d = Diamètre en millimètres de la même poulie.

Il est à conseiller de munir de « glissières » tous les moteurs à attaque par courroie, afin de pouvoir tendre celle-ci pendant la marche du moteur.

Calcul des Poulies.

Pour calculer la grandeur de poulie d'une dynamo en rapport avec celle de la machine productrice de force, il faut diviser le nombre de tours de la machine réceptrice par le nombre de tours de la machine productrice ; puis pour obtenir le diamètre de la poulie, diviser le diamètre de la poulie de la machine productrice, par le quotient de la division des tours, et on obtient le diamètre à donner à la poulie de la dynamo.

Tenant compte du glissement de la courroie, il faut déduire 3 % du diamètre de la machine réceptrice.

EXEMPLE :

Soit : le moteur A fait 800 T., la poulie de la machine productrice de force 80 T. et a pour diamètre 2 m.

On aura :

$$800 : 80 = 10$$

La dynamo faisant donc 10 fois plus de tours que la poulie de la machine productrice, le diamètre de la première machine sera 10 fois plus petit, et on a :

$$2 : 10 = 0.20 \text{ m.}$$

Tenant compte du glissement de 3 % en défaveur de la poulie de la Dynamo, et on a :

$$\frac{0.20 \times 3}{100} = \frac{0.60}{100} = 0.006 \text{ m.}$$

Le diamètre de la poulie de la dynamo est donc :

$$200 \,\tfrac{m}{m} - 6 \,\tfrac{m}{m} = 194 \,\tfrac{m}{m}$$

PRENONS L'INVERSE :

Admettons qu'une Dynamo fait 1.400 T. et a une poulie de 200 $\tfrac{m}{m}$ de diamètre, est actionnée par une autre force qui fait 200 T.

Quelle est la poulie de cette dernière ?

Le rapport de vitesse est :

$$1400 : 200 = 7.$$

Ici la poulie de la machine productrice sera plus grande, puisqu'elle fait moins de tours, et on a :

$$200 \times 7 = 1400 \,\tfrac{m}{m}.$$

Tenant compte du glissement de 3 % en faveur de la machine productrice, et on a :

$$\frac{1400 \times 3}{100} = 42 \,\tfrac{m}{m}.$$

Le Diamètre de la poulie de la machine productrice sera :

$$1400 + 42 = 1442 \,\tfrac{m}{m} = 1,442 \text{ m.}$$

De ce que je viens de vous exposer, il résulte la formule radicale suivante, qui simplifie le calcul du diamètre d'une poulie de transmission pour moteurs électriques.

———————

Transmission de la Force des Moteurs par Courroie.

Dans le cas « transmission par courroie », le diamètre de la poulie de transmission sera déterminé par le nombre de tours à obtenir, mais il est à conseiller que le rapport des deux vitesses, ne dépasse pas la proportion de 1 à 6.

D = Diamètre de la poulie attaquée.
N = Nombre de tours que devra faire cette poulie.
d = Diamètre de la poulie du moteur.
n = Nombre de tours de la poulie du moteur.

Le calcul du diamètre de la poulie se fait par la formule suivante :

$$D = \frac{d \times n}{1.03 \times N}$$

La constante 1.03 tient compte du glissement normal de 3 % de la courroie.

Les poulies de transmissions attaquées par les moteurs électriques doivent être légèrement bombées et bien équilibrées.

Calcul des Dimensions des Courroies.

Voici quelques formules très simples permettant de déterminer la section ainsi que la largeur des courroies :

N = Nombre de chevaux-vapeur à transmettre.
n = Nombre de tours par minute de cette poulie.
D = Le diamètre de l'une des poulies (en mètres).
S = La section de la courroie en $\%^2$.
L = La largeur de la courroie.

Et on a :

Cuir : $$S = \frac{12500 \times N}{D \times n}$$

Coton : $$S = \frac{10000 \times N}{D \times n}$$

Balata : $$S = \frac{8000 \times N}{D \times n}$$

Poil de chameau : $$S = \frac{9000 \times N}{D \times n}$$

Pour obtenir la largeur, il faut diviser la section carrée par l'épaisseur de la courroie.

Détermination de la largeur de la Courroie pour Machines électriques.

Pour trouver la largeur de la courroie, on applique la formule suivante :

$$\text{Largeur} = \frac{22 \times E \times I}{n \times e \times D}$$

E = Voltage de la machine.

I = Ampérage (intensité).

n = Nombre de tours à la minute.

e = Epaisseur du cuir.

D = Diamètre de la poulie de la Dynamo (en mètres).

Le résultat obtenu donne la largeur en millimètres.

La jante de la poulie est généralement 20 % plus large.

Intensité de Courant correspondant à un nombre de Chevaux donné.

I. — COURANTS CONTINUS.

Puissance utile en chevaux HP	Rendement	Puissance absorbée en kilowatts Kwa	COURANTS CONTINUS VOLTS						
			100	110	125	150	220	500	1000
1/2	75 %	0.490	4.9	4 5	3 9	3.26	2.22	0.98	0.49
3/4	»	0.736	7.36	6.7	5.9	4.9	3.34	1.47	0.74
1	»	0.980	9.8	8.9	7.85	6.5	4 45	1.96	0.98
1.5	»	1.470	14.7	13.4	11.85	9.8	6.7	2.9	1.47
2.5	»	2.450	24.5	22.2	19.6	16.13	11.1	4.9	2.45
5	80 %	4.600	46	42	36.8	30.6	21	9.2	4.60
7.5	»	6.900	69	63	55	46	31	13.8	6.90
10	»	9.200	92	84	74	61	42	18.4	9.20
15	»	13.80	138	125	110	92	63	27.6	13.8
20	90 %	16.35	164	149	131	109	75	32.8	16.4
25	»	20.43	204	185	163	136	93	40.8	20.4
30	»	24.53	245	223	1·6	163	111	49.	24.5
40	»	32.70	327	297	262	218	148	65.4	32.7
50	»	40.86	409	372	327	272	186	81.8	40.9
60	»	49.05	491	445	392	326	222	98.	49.0
70	»	57.23	572	520	457	381	260	104.4	57.2
75	»	61.29	612	558	490	408	278	122.6	61.3
80	»	65.40	654	595	523	436	297	130.8	65.4
90	»	73.56	736	668	588	490	334	147	73.6
100	»	81.72	817	742	655	544	370	163	81.7
125	»	102.15	1022	930	816	680	464	204	102.0
150	»	122.58	1226	1134	980	818	558	245	122.6

Intensité de Courant correspondant à un nombre de Chevaux donné.

II. — COURANTS BIPHASÉS.

COURANTS BIPHASÉS

Puissance utile en chevaux Pn HP	Rendement π	Décalage Cos φ	Puissance absorbée en kilowatts Kwa	VOLTS						
				100	110	125	150	220	500	1000
1/2	75 %	0.7	0.276	2.8	2.5	2.2	1.9	1.3	0.6	0.28
3/4	»	»	0.414	4.2	3.8	3.4	2.8	1.9	0.8	0.42
1	»	»	0.552	5.6	5 1	4.5	2.7	2.5	1.1	0.56
1.5	»	»	0.828	8.4	7.6	6.7	4.6	3.8	1.7	0.8
2.5	»	»	1 380	14	12.7	11.2	7.3	6.4	2.8	1.4
5	80 %	0.75	2.944	28.	25.3	22.2	18.5	12.6	5.6	2.8
7.5	»	»	4.416	41.7	37.8	33.3	24.7	18.9	8.4	4.2
10	»	»	5.888	55.6	50.6	44.4	37.	25.2	11.2	5.6
15	»	»	8.832	83.4	75.9	66.6	55.5	37.8	16.8	8.4
20	90 %	0.8	13.25	117	107	94	78.4	53.5	23.5	11.7
25	»	»	16.56	146	134	118	98	66.5	29.2	14.6
30	»	»	19.87	175	160	141	118	79.6	35 0	17.5
40	»	»	26.50	234	214	188	157	107	47	23.4
50	»	0.9	33.12	260	237	208	174	118	52	26
60	»	»	39.74	312	284	250	209	142	62.5	31.2
70	»	»	46.37	364	332	292	244	165	73	36.4
75	»	»	49.68	390	356	313	261	177	78	39
80	»	»	53	417	380	333	278	189	83	41.6
90	»	»	59.62	469	426	374	313	212	94	46.8
100	»	»	66.24	521	474	416	348	286	104	52
125	»	»	82.80	651	590	520	435	295	130	65
150	»	»	92 36	782	711	624	522	354	156	78

Intensité de Courant correspondant à un nombre de Chevaux donné.

III. — COURANTS TRIPHASÉS.

Puissance utile en chevaux Pn HP	Rendement π	Décalage Cos φ	Puissance absorbée en kilowatts Kwa	COURANTS TRIPHASÉS VOLTS						
				100	110	125	150	220	500	1000
1/2	75 %	0.7	0.276	2.28	2 08	1 85	1.52	1.04	0.46	0.23
3/4	»	»	0.414	3.42	3.11	2.73	2.28	1.55	0.68	0.34
1	»	»	0.552	4.56	4.16	3 65	3.04	2.07	0.91	0.46
1.5	»	»	0.828	6.84	6.24	5.30	4.56	3.11	1.37	0.69
2.5	»	»	1.380	11.4	10.4	8.95	7.60	5.18	2.28	1.15
5	80 %	0.75	2.944	22.6	20.6	18.1	15.1	10.3	4.52	2.26
7.5	»	»	4.416	33.9	30.9	27.2	20.2	15.4	6.78	3.39
10	»	»	5.888	45.2	41.2	36.2	30.2	20.6	9.04	4.52
15	»	»	8.832	67 8	61.8	54.2	45.3	36.9	13.6	6.78
20	90 %	0.8	13.25	95.4	86.8	76.2	63.5	43.3	19.1	9.5
25	»	»	16.56	119.	108.	95.	79.5	54.	24.	11.9
30	»	»	19.87	143	130	114	95	65	29.6	14.3
40	»	»	26.50	191	174	152	127	85.6	38.2	19.
50	»	0.9	33.12	212	193	170	142	96.5	42.5	21.2
60	»	»	39.74	254	232	204	170	115	51.	25.4
70	»	»	46.37	297	270	238	198	134	59.5	29.7
75	»	»	49.68	314	290	255	212	144	64.	31.4
80	»	»	53	340	309	272	227	154	68.	34.
90	»	»	59.62	382	348	306	255	173	76.5	38.2
100	»	»	66.24	425	386	340	284	1 3	85.	42.4
125	»	»	82.80	531	483	425	354	241	106.	53.
150	»	»	98.36	637	579	510	426	290	127.5	63.6

Puissance nécessaire pour actionner une Dynamo de Constantes données.

AMPÈRES	55 Volts		70 Volts		110 Volts		220 Volts		300 Volts		500 Volts	
	WATTS	HP	WATTS	HP	WATTS	HP	WATTS	HP	WATTS	HP	WATTS	HP
10	550	1	700	1.5	1.100	2	2.200	3.7	3.000	5	5.000	8
15	825	1.5	1.100	2	1.650	2.7	3.300	5.5	4.500	7.5	7.500	12
20	1.100	2	1.400	2.5	2.200	3.7	4.400	7.2	6.000	10	10.000	16
30	1.650	3	2.100	3.5	3.300	5.5	6.600	11	9.000	14.5	15.000	24
40	2.200	3.7	2.800	4.5	4.400	7	8.800	14	12.000	19	20.000	32
50	2.750	4.5	3.500	5.6	5.500	8.8	11.000	17.6	15.000	24	25.000	40
60	3.300	5.5	4.209	6.7	6.600	10.5	13.200	21.3	18.000	29	30.000	48
70	3.850	6.3	4.900	8	7.700	12.3	15.400	24.6	21.000	34	35.000	56
80	4.400	7.4	5.600	9	8.800	14	17.600	28	24.000	39	40.000	64
90	4.950	8	6.300	10	9.900	16	19.800	32	27.000	43	45.000	72
100	5.500	9	7.000	11.2	11.000	17.6	22.000	35.2	30.000	48	50.000	80
125	6.875	11	8.750	14	13.750	22	27.500	44	37.500	60	62.500	100
150	8.250	13.2	11.000	17.6	16.500	26	33.000	53	45.000	72	75.000	120
175	9.625	16	12.250	19.7	19.250	31	38.500	61	52.500	84	87.500	140
200	11.000	18	14.000	22.4	22.000	35.2	44.000	71	60.000	96	100.000	160
250	13.750	22	17.500	28	27.500	44	55.000	88	75.000	120	125.000	200
300	16.500	27	21.000	34	33.000	53	66.000	106	90.000	144	150.000	240
350	19.250	31	24.500	40	38.500	61	77.000	123	105.000	168	175.000	280
400	22.000	36	28.000	45	41.000	71	88.000	140	120.000	192	200.000	320
450	24.750	39	31.500	50	49.500	80	99.000	158	135.000	216	225.000	360
500	27.500	44	35.000	56	55.000	88	110.000	176	150.000	240	250.000	400

N. B. — Dans cette table, le rendement de la Dynamo est supposé être de 85 %, soit 625 Watts par cheval.

Nombre de Watts à fournir à une Dynamo
tournant en Réceptrice
pour obtenir une puissance donnée en chevaux.

PUISSANCE EN CHEVAUX	WATTS	PUISSANCE EN CHEVAUX	WATTS
0.5	600	10	9000
1	1050	12	10000
2	2000	17	14000
3	2800	24	20000
4	3700	33	27500
5	4500	38	32500
6	5400	48	40000
9	8100	54	45000

Transformation d'un nombre de Kilowatts en Chevaux et vice-versa

TRANSFORMATION DE KILOWATTS EN CHEVAUX		TRANSFORMATION DE CHEVAUX EN KILOWATTS	
Nombre de Kilowatts	Nombre correspondant de chevaux	Nombre de chevaux	Nombre correspondant de Kilowatts
0.736	1	1	0.736
1	1.36	1.5	1.104
1.5	2.04	2	1.472
2	2.71	2.5	1.840
2.5	3.40	3	2.208
3	4.07	3.5	2.576
3.5	4.75	4	2.944
4	5.43	4.5	3.312
4.5	6.11	5	3.680
5	6.79	5.5	4.043
5.5	7.47	6	4.416
6	8.15	6.5	4.784
6.5	8.83	7	5.152
7	9.51	7.5	5.520
7.5	10.19	8	5.888
8	10.87	8.5	6.256
8.5	11.55	9	6.624
9	12.23	9.5	6.992
9.5	12.91	10	7.360
10	13.59	10 5	7.728
10 5	14.27	11	8.096
11	14.95	12	8.832
12	16.30	13	9.568
13	17.66	14	10.304
14	19.02	15	11.040
15	20.38	16	11.776
16	21.74	17	12.512
17	23.10	18	13.248
18	24.46	19	13.984
19	25.82	20	14.720
20	27.17	21	15.456
21	28.53	22	16.192
22	29.89	23	16.928
23	31.25	24	17.664
24	32.61	25	18.400
25	33.97	30	22.080
30	40.76	40	29.440
40	54.35	50	36.800
50	67.94	75	55.200
75	101.91	100	73.600
100	135.87		

Essai de l'isolément d'une Dynamo.

Pour examiner l'isolément, on prend le galvanoscope, et on attache l'extrémité dénudée d'un fil en dessous d'un boulon de la machine ; puis on pose les balais sur le collecteur et touche avec l'extrémité du 2e fil au balais s'il n'y a aucune déviation, c'est qu'il est bon.

Au cas de forte déviation, on soulève les balais, puis on détache les extrémités des inducteurs de façon que les fils pendent librement dans l'air ; alors, avec le 2e fil du galvanoscope, on touche successivement les balais, lamelles et extrémités des inducteurs ; s'il n'y a aucune déviation, l'isolément est bon.

Il est entendu qu'il faut couper la machine du tableau.

Rupture d'un Fil d'induit ou d'un mauvais contact.

Pour trouver la rupture d'un fil d'induit ou un mauvais contact, on défait, au bout d'une section, une lamelle, et on relie cette lamelle avec une pile de sonnerie, qui, elle-même, est reliée à un fil qu'on place sur les lamelles suivantes.

Aussi longtemps que la sonnette marche, les contacts sont bons ; mais sitôt qu'elle ne marche pas, c'est entre cette lamelle et la précédente que la rupture se trouve.

PILES

Daniel :	Zinc en acide sulfurique dilué (5 à 10 %) cuivre dans une dissolution saturée de sulfate de cuivre. **Volt 1.1**
Bunsen :	Zinc en acide sulfurique dilué, charbon en acide nitrique. **Volt 1.8**
Grove :	Zinc en acide sulfurique dilué, platine en acide nitrique. **Volt 1.9**
Meidinger :	Zinc en dissolution de sel amer, cuivre dans une dissolution saturée de sulfate de cuivre. **Volt 1.0**
Krüger :	Zinc en dissolution de sulfate de zinc. Feuille de plomb cuivré dans une dissolution saturée de sulfate de cuivre. **Volt 1.0**
Elément au bichromate de potasse :	Zinc et charbon dans un mélange d'acide chromique (16 K_2 Cr_2 O_7 ; 37 H_2 So_4, 100 H_2 0.) **Volt 2.0**
Leclanché :	Zinc et charbon avec manganèse oxydé en dissolution de salmiak. **Volt 1.4**
Accumulateur au plomb :	Plomb et oxyde de plomb en acide sulfurique dilué. **Volt 2.0**
Accumulateur Edison :	Poudre de fer (émeri) et oxyde de nickel dans une lessive de potasse. **Volt 1.3**

Gouy :	Zinc en 10 % dissolution de sulfate de zinc, oxyde de mercure, mercure. **Volt 1.386** (à 12° c) $$E_t = 1.386 - 0.0002\ (t - 12°).$$
Clark :	Zinc ou zinc amalgamé (avec 10 % Zn). Dissolution saturée de sulfate de zinc avec cristaux de sel, sulfate de mercure, mercure. **Volt 1.4328** (à 15° c) $$E_t = 1.4328 - 0.00119\ (t - 15°\ c)$$ $$- 0.000007\ (t - 15)^2$$
Weston-Normal :	Cadmium ou amalgame de cadmium (avec 1.25 % cd). Dissolution de sulfate de cadmium, toujours saturée, mélangée avec sel en cristaux, sulfate de mercure, mercure. **Volt 1.0183** (à 20° c) $$E_t = 1.0183 - 0.000038\ (t - 20)$$ $$- 0.00000065\ (t - 20)^2$$
Weston-Comp.	Se distingue seulement du précédent ; c'est que la dissolution de sulfate de cadmium n'est saturée qu'à 4° c. et ne contient pas d'excédent de cristaux. La force motrice est pour autant indépendante de la température. $$E. = 1.0190 \qquad \textbf{Volt 1.0190}$$

Piles sèches.

FORMULE :

Le dépolarisant enfermé dans un petit sac, autour du crayon de charbon de cornue, est constitué par l'aggloméré suivant :

40 parties bioxyde de manganèse (Mn 0,2).
55   —   de charbon en poudre.
5   —   de gomme laque.

L'exhortant est une solution de chlorure d'ammonium (sel ammoniaque). Il est introduit entre le dépolarisant et le cylindre de zinc.

Pour immobiliser cette solution, on emploie comme base inerte, soit :

1° Une pâte formée de plâtre gâchée,

ou :

2° De la sciure de bois,

ou :

3° De la tourbe,

ou :

4° du cofferdam (substance extraite de la noix de certains palmiers, densité 0.8, pouvoir absorbant 15 fois son volume d'Eau.

Les 2ᵉ et 4ᵉ bases inertes sont généralement employées.

Le zinc doit être amalgamé, c'est-à-dire imprégné de mercure.

Electrochimie. — Equivalent

Un courant de 1 Amp. décompose en :

TEMPS	ARGENT mgr.	CUIVRE mgr.	EAU mgr.	GAZ fulminant $0^m/_m$ $0°760$ $^m/_m$
1 sec.	1.118	0.3294	0.0933	0.1740
1 min.	67.08	19.76	5.60	10.44
1 heure.	4025.	1186.	335.9	626

. TABLEAU

	Mesure absol. Erg.	Mesure Electrique		Mesure de chaleur g. calorie	Mesure Mécanique		
		Joule Watt-Sec.	Kilowatt-heure		Litre atmosph.	Kilo-gramme mètre	Cheval-vapeur heure
Erg . . . . =	1	$0,1 \cdot 10^{-6}$	$0,0278 \cdot 10^{-12}$	$0.0239 \cdot 10^{-6}$	$987 \cdot 10^{-12}$	$10197 \cdot 10^{-12}$	$0,0378 \cdot 10^{-12}$
Joule . . . . =	$10 \cdot 10^{6}$	1	$0,278 \cdot 10^{-6}$	0.239	$0,00987$	$0,10197$	$0,378 \cdot 10^{-6}$
Kilowatt-heure . . . =	$36,0 \cdot 10^{12}$	$3,6 \cdot 10^{6}$	1	$0,86 \cdot 10^{-6}$	-35500	$0,367 \cdot 10^{6}$	$1,36$
Gramme-calorie . . =	$41,89 \cdot 10^{6}$	$4,189$	$1.164 \cdot 10^{-6}$	1	$0,04134$	$0,4271$	$1,58 \cdot 10^{-6}$
Litre atmosph. . . =	$1013,3 \cdot 10^{6}$	$101,3$	$28,2 \cdot 10^{-6}$	$24,2$	1	10.333	$38,3 \cdot 10^{-6}$
Kilogramme-mètre . . =	$98,1 \cdot 10^{6}$	$9,806$	$2,72 \cdot 10^{-6}$	$2,343$	$0,09678$	1	$3,7 \cdot 10^{-6}$
Cheval-vapeur heure. . =	$26,5 \cdot 10^{12}$	$2,65 \cdot 10^{6}$	0.7355	$0,633 \cdot 10^{6}$	26200	$0.27 \cdot 10^{6}$	1
Constante du gaz. R. . =	$83,16 \cdot 10^{6}$	8.316	$2,31 \cdot 10^{-6}$	$1,985$	$0,08206$	0.848	par 1° c.

5

Poids atomiques des 81 éléments les plus employés : Fait sur 0 = 16000.

ÉLÉMENTS	Symbole	POIDS Atom.
Aluminium	AL	27.1
Antimoine	Sb	120.2
Arsenite	AS	74.96
Argon	Ar	39.9
Argent	Ag	107.88
Barium	Ba	137.37
Borium	B	11.—
Bromium	Br	79.92
Beryllium	Be	9.1
Bismuthum	Bi	208.0
Cerium	Ce	140.25
Chlorium	Cl	35.46
Chromium	Cr	52.0
Cadmium	Cd	112.4
Calcium	Ca	40.9
Cobaltium	Co	58.97
Carborium	C	12.00
Cuprum	Cu	63.57
Caesium	Cs	132.81
Dysprosium	Dy	162.5
Erbium	Er	167.4
Europium	Eu	152.0
Etain	Sn	119.0
Fer (ferrum)	Fe	55.84
Fluorum	F'	19.0

ÉLÉMENTS	Symbole	POIDS Atom.
Gallium	Ga	69.9
Gadolinium	Gd	157.3
Germanium	Ge	72.5
Helium	He	4.0
Hydrogènium	H	1.008
Iodium	J	126.92
Indium	In	114.8
Iridium	Ir	193.1
Kalium (potass.)	K	39.10
Krypton	Kr	81.8
Lithium	Li	6.94
Lanthan	La	139.0
Lutetium	Lu	174.0
Magnesum	Mg	24.32
Manganesium	Ma	54.93
Molybdanium	Mo	96.0
Mercure (Hydrog.)	Hg	200.6
Natrum (Sodium)	Na	23.0
Nickel	Ni	58.68
Nitrogenum	N	14.01
Niobium	Nb	93.5
Néodymium	Nd	144.3
Néon	Ne	20.0
Or (aurum)	Au	197.2
Oxygène	O	**16.000**
Osmium	Os	190.9
Plomb	Pb	207.10
Phosphore	P	31.04

ÉLÉMENTS	Symbole	POIDS Atom.
Platinium	Pt	195.2
Paladium	Pd	106.7
Praseodym	Pr	140.6
Radium	Ra	226.4
Rubidium	Rb	85.45
Rhodium	Rh	102.9
Ruthenium	Ru	101.7
Soufre	S	32.07
Selenium	Se	79.2
Silicium	Si	28.3
Strontium	Sr	87.63
Samarium	Sa	150.4
Scandium	Sc	44.1
Tantalium	Ta	181.5
Tellurium	Te	127.5
Terbium	Tb	159.2
Thorium	Th	232.42
Titan	Ti	48.1
Thallium	TL	204.0
Thulium	Tu	168.5
Uranium	U	238.5
Vanadium	V	51.2
Wolfram	W	184.0
Xenon	X	130.7
Ytterbium	Yb	172.0
Yttrium	Y	89.0
Zinc	Zn	65.37
Zinkonium	Zr	90.6

Indications pour Electrolyse

Symbole	ÉLÉMENTS	POIDS Atomique o = 16	Mgr par Ampère sec.	Gr. par Ampère heure
Ag	Argent	107.88	1.1180	4.025
AL	Aluminium	27.1	0.0936	0.38
Au	Or (Auro)	197.2	2.043	7.37
Au	— (Auri)	197.2	0.681	2.45
Ba	Barium	137.37	0.712	2.56
Bi	Bismuth	208.0	0.718	2.58
Br	Bronium	79.12	0.828	2.98
C	Carbonium	12.—	0.031	0.112
Ca	Calcium	40.07	0.208	0.75
Cd	Cadmium	112.40	0.582	2.09
Cl	Chlorium	35.46	0.368	1.32
Co	Cobaltium (cobalto) . . .	58.97	0.306	1.10
Co	— (cobalti) . . .	58.97	0.204	0.74
Cr	Chromium	52.0	0.178	0.64
Cu	Cuivre (cupro)	63.57	0.66	2.37
Cu	— (cupri).	63.57	0.3294	1.186
F	Fluorum	19.0	0.197	0.71
Fe	Fer (ferro)	55.84	0.279	1.01
Fe	— (ferri)	55.84	0.193	0.70
H	Hydrogène	1.008	0.01045	0.0576
Hg	Mercure (mercuro) . . .	200.6	2.08	7.49
Hg	— (mercuri) . . .	200.6	1.04	3.75

Indications pour Electrolyse

(Suite)

Symbole	ÉLÉMENTS	POIDS Atomique $o = 16$	Mgr par Ampère sec.	Gr. par Ampère heure.
J	Iodium	126.92	1.315	4.73
K	Calium (potassium). . .	39.10	0.405	1.46
Li	Lithium	6.94	0.072	0.26
Mg	Magnesium	24.32	0.125	0.45
Mn	Manganesium (mangano)	54.93	0.285	1.03
Mn	— (mangani)	54.93	0.19	0.68
Mn	— (permanganate)	54.93	0.08	0.29
Na	Natrium (sodium) . . .	23.00	0.238	0.86
Ni	Nickel (nickelo)	58.68	0.304	1.09
Ni	— (nickeli)	58.68	0.203	0.73
O	Oxygène	16.00	0.083	0.30
Pb	Plomb.	207.20	1.063	3.83
Pt	Platinum	195.2	0.506	1.82
S	Soufre.	32.06	0.166	0.60
Sb	Antimoine	120.2	0.415	1.49
Sb	—	120.2	0.249	0.90
Sn	Etain (stanno)	118.7	0.615	2.14
Sn	— (stanni).	118.7	0.308	1.07
TL	Thallium (Thallo) . . .	204.0	2.11	7.63
TL	— (Thalli) . . .	204.0	0.7	2.55
Zn	Zinc	65.37	0.339	1.22

Coefficients de Résistance et de Température.

MATIÈRES	Résistance de 1 m. et d'une section de 1 m/m2 à 15° celsius	Augmentation de Résistance par accroissement de température de 1° c.
Aluminium . . .	0.0287	0.004
Plomb	0.2076	0.004
Fil de fer	0.12 à 0.14	0.005
Cuivre	0.0175	0.004
Manganin	0.41 à 0.46	0.000
Mercure	0.9532	0.001

Arbres de Transmissions.

Le diamètre d'un arbre, qui doit transmettre une puissance déterminée à un nombre de tours indiqué, est donné par le tableau ci-dessous.

Puissance à transmettre en HP	DIAMÈTRE DE L'ARBRE EN M/M POUR UN NOMBRE DE TOURS PAR MINUTE													
	60	80	100	120	140	160	180	200	225	250	275	300	350	400
1	45	45	40	40	35	35	35	35	35	35	30	30	30	30
2	55	50	50	45	45	40	40	40	40	40	35	35	35	35
3	60	55	50	50	50	45	45	45	45	40	40	40	40	40
4	65	60	55	55	50	50	50	50	45	45	45	45	40	40
5	65	60	60	55	55	55	50	50	50	50	45	45	45	45
6	70	65	60	60	55	55	55	50	50	50	50	50	45	45
7	75	70	65	60	60	55	55	55	55	50	50	50	50	45
8	75	70	65	65	60	60	55	55	55	55	50	50	50	50
9	75	70	70	65	65	60	60	60	55	55	55	50	50	50
10	80	75	70	65	65	60	60	60	55	55	55	55	50	50
11	80	75	70	70	65	65	60	60	60	55	55	55	55	50
12	85	75	75	70	65	65	65	60	60	60	55	55	55	50
13	85	80	75	70	70	65	65	65	60	60	60	55	55	55
14	85	80	75	75	70	70	65	65	60	60	60	60	55	55
15	85	80	75	75	70	70	65	65	65	60	60	60	55	55
16	90	85	80	75	70	70	70	65	65	65	60	60	60	55
17	90	85	80	75	75	70	70	65	65	65	60	60	60	55
18	90	85	80	75	75	70	70	70	65	65	65	60	60	60
19	90	85	80	80	75	75	70	70	65	65	65	65	60	60
20	95	85	85	80	75	75	70	70	70	65	65	65	60	60
25	100	90	85	85	80	80	75	75	70	70	70	65	65	60
30	105	95	90	85	85	80	80	75	75	70	70	70	65	65
35	105	100	95	90	85	85	80	80	80	75	75	75	70	70
40	110	105	100	95	90	85	85	85	80	80	75	75	70	70
45	115	105	100	95	95	90	85	85	85	80	80	75	75	70
50	115	110	105	100	95	90	90	85	85	85	80	80	75	75
55	120	110	105	100	95	95	90	90	85	85	85	80	80	75
60	120	115	110	105	100	95	95	90	90	85	85	85	80	75
65	125	115	110	105	100	100	95	95	90	90	85	85	80	80
70	125	120	110	105	105	100	95	95	90	90	90	85	85	80
75	130	120	115	110	105	100	100	95	95	90	90	85	85	80
80	130	120	115	110	105	105	100	100	95	95	90	90	85	85
85	135	125	120	115	110	105	100	100	95	95	90	90	85	85
90	135	125	120	115	110	105	105	100	100	95	95	90	90	85
95	135	130	120	115	110	110	105	100	100	95	95	90	90	85
100	140	130	120	115	115	110	105	105	100	100	95	95	90	85

Quantité de Matières absorbées par un Courant de 1 Amp. dans 1 seconde.

Un courant de 1 ampère absorbe dans 1 seconde :

0.3280 milligr.	de cuivre	chimiquement pur.		
0.2908	—	fer	—	—
0.3369	—	zinc	—	—
0.3040	—	nickel	—	—
1.0718	—	plomb	—	—
1.0880	—	mercure	—	—
0.6792	—	or	—	—
1.0097	—	platine	—	—
1.1183	—	argent	—	—

Lorsqu'un courant de 1 Amp. dans une seconde absorbe 0.3280 milligr. de cuivre, celui de 10 Amp. dans 1 sec. absorbe :

$$0.3280 \times 10 \times 1 = 3.280 \text{ milligr.}$$

Ampère $= A$

Secondes $= T$

Métal absorbé $= M$

Quantité de métal absorbé $= Q$

Donc :

$$Q = A \times T \times M$$

Formules pour chercher :

Quantité :

$$A \times T \times M = Q$$

Intensité :

$$\frac{Q}{T \times M} = A$$

Temps :

$$\frac{Q}{A \times M} = T$$

Tension d'Essai pour les Machines électriques.

TENSION DE SERVICE	FORCE	TENSION D'ESSAI
Jusque 100 E. . . .		800 E.
De 150 à 300 E. .	au-dessous de 10 Kws	1000 E.
	au-dessus — —	1200 E.
De 300 à 600 E. .	au-dessous — —	1500 E.
	au-dessus — —	2000 E.
De 600 à 1200 E. .		2400 E.
De 1200 à 5000 E.		2 fois le voltage.
De 5000 à 10000 E.		le voltage normal + 5000 E.
Au-dessus de 10000 E.		1.5 fois le voltage

P. S. L'Essai se fait généralement entre l'enroulement et la masse, ou entre deux enroulements.

Table approximative
des intensités normales, sections, et force des coupe-circuits pour le branchement des moteurs triphasés.

Puissance du moteur		Intensité normale Amp.	Section des conducteurs d'arrivée	Coupe-circuit pour Amp.	Intensité normale Amp.	Section des conducteurs d'arrivée	Coupe-circuit pour Amp.	L'intensité pour les c/c s'applique à des moteurs à :
en KW	en HP							
		Tension aux bornes 125 Volts			Tension aux bornes 220 Volts			Rotor en c/c démarrage par fermeture de l'interrupteur à demi-charge
0.125	0.17	1.2	1	6	0.7	1	4	
0.2	0.27	1.7	1	6	1.	1	4	
0.33	0.45	2.7	1.5	6	1.6	1	4	
0.5	0.68	4	1.5	6	2.3	1	6	Rotor en c/c démarrage Etoile-Triangle sous demi-charge ou Rotor à bagues avec démarrage sous pleine charge
0.8	1.09	6	1.5	10	3 5	1	6	
1.1	1.5	9	2.5	10	5	1	6	
1.5	2.04	12	2.5	15	7	1.5	10	
2.2	2.99	16	4	20	9.5	1.5	10	
3	4.08	23	6	25	13	2.5	15	
4	5.44	30	10	35	17	4	20	
5.5	7.48	43	15	50	23	6	25	
7.5	10.20	58	15	60	31	10	35	
11	15	83	35	100	48	16	50	Rotor à bagues avec démarreur sous pleine charge
15	20.4	100	50	125	58	16	60	
22	29.9	143	70	160	83	25	100	
30	40.8	192	120	225	100	50	125	
40	54.4	255	150	260	135	70	160	
50	68	315	240	360	170	95	200	
63	85.7	400	310	430	212	120	225	
80	108.8				273	185	300	
100	136				325	240	360	

Table approximative (suite)

Puissance du moteur		Intensité normale Amp.	Section des conducteurs d'arrivée	Coupe-circuit pour Amp.	Intensité normale Amp.	Section des conducteurs d'arrivée	Coupe-circuit pour Amp.	L'intensité pour les c/c s'applique à des moteurs à :
en KW	en HP							
Tension aux bornes 38o Volts					Tension aux bornes 5oo Volts			Rotor en c/c démarrage par fermeture de l'interrupteur à demi-charge.
0.125	0.17							
0.2	0.27	0.6	1	4				
0.33	0.45	0.9	1	4				
0.5	0.68	1.3	1	4	1	1	4	Rotor en c/c démarrage Etoile-Triangle sous demi-charge ou Rotor à bagues avec démarreur sous pleine charge
0.8	1.09	2	1	4	1.5	1	4	
1.1	1.5	3	1	6	2.2	1	4	
1.5	2.04	4	1	6	3	1	6	
2.2	2.99	5.3	1	6	4	1	6	
3	4.08	7.5	1 5	10	5.8	1	6	
4	5.44	10	1 5	10	7.5	1.5	10	
5.5	7.48	14	2 5	15	11	2.5	15	
7.5	10.20	19	4	20	15	2.5	15	
11	15	26	10	35	20	4	20	Rotor à bagues avec démarreur sous pleine charge
15	20.4	31	10	35	24	6	25	
22	29.9	46	16	50	35	10	35	
30	40.8	62	25	80	47	16	50	
40	54.4	80	35	100	60	16	60	
50	68	100	50	125	75	25	80	
63	85.7	125	70	160	94	35	100	
80	108.8	160	70	160	120	50	125	
100	136	190	95	200	145	70	160	

Tableau donnant une idée approximative du Matériel à choisir suivant les locaux.

Genre de bâtiment		Genre de Montage	Interrupteur et Prise de C^t	Matériel d'Eclairage
MAISON D'HABITATION	Cave	a) Conducteurs avec couche de caoutchouc vulcanisé, sur roulettes en porcelaine ordinaires ou à manteau.	Etanche à l'eau pour fixation au mur.	Armatures étanches à l'eau
		b) Conducteurs avec couche de caoutchouc vulcanisé, sous tubes de plomb ou d'acier.	Simple et pour fixation au mur.	Eclairage par plafonniers simples
	Rez-de-chaussée jusqu'au quatrième étage inclusivement	a) Conducteurs avec couche de caoutchouc vulcanisé, sous tubes, fixation au mur.	Modèle ouvert pour installations à l'extérieur ou à l'intérieur des murailles.	au choix.
		b) Cordelière avec couche de caoutchouc vulcanisé, sous tubes.		
		c) Conducteurs avec couche de caoutchouc vulcanisé, sous tubes d'acier, fixation au mur.		
	Mansardes	a) Conducteurs avec couche de caoutchouc vulcanisé, tubes de plomb, fixation au mur.	Modèle pour installations longeant les murs.	simple
		b) Conducteurs avec couche de caoutchouc vulcanisé, sur roulettes en porcelaine.		
	Colonne montante	Dans les caves sous tubes ou en câble armé; comme colonne montante, sous tubes.	—	—

Tableau donnant une idée approximative du Matériel à choisir suivant les locaux (suite).

Genre de bâtiment		Genre de Montage	Interrupteur et Prise de C^t	Matériel d'Eclairage
Maisons de commerce, magasins, restaurants, hôtels, etc.	Caves et mansardes.	Sous tubes d'acier, sur roulettes en porcelaine ordinaires ou sur roulettes à manteau.	Modèle ouvert pour installations longeant les murs ou modèle étanche à l'eau	Simple ou avec armatures.
	Rez-de-chaussée jusqu'au quatrième étage.	a) Conducteurs avec couche de caoutchouc vulcanisé, sous tubes de fer plombé ou sous tubes d'acier encastrés avec boîte de dérivation dans le plafond.	Modèle ouvert pour installations longeant les murs ou pour encastrements.	Au choix.
		b) Conducteurs avec couche de caoutchouc vulcanisé, comme ci-dessus encastrés, sans boîtes de dérivation dans les planchers.		
	—	Colonne montante, comme dans les maisons d'habitation. Eclairage auxiliaire.	—	—
Machineries et chaufferies. Fabriques en général.		Conducteurs avec couche de caoutchouc vulcanisé, sur roulettes ou sur cloches, lignes descendantes sous tubes.	Modèle ouvert pour installations longeant les murs ou modèle étanche à l'eau	Etanche à l'eau.
Fabriques de Ciment		Conducteurs avec couche de caoutchouc vulcanisé, sur isolateurs ordinaires, ou à manteau, éventuellement, conducteurs protégés contre les acides, lignes descendantes sous tubes.	Modèle étanche à l'eau	Etanche à l'eau.
Fabrique où pénètre des vapeurs chargées d'acides.		Conducteurs nus, peints sur isolateurs, ou conducteurs isolés, protégés contre les acides, lignes descendantes sous tubes.	Modèle étanche à l'eau	Avec armatures.

Genre de bâtiment	Genre de Montage	Interrupteur et Prise de C^t	Matériel d'Eclairage
Fabriques dans lesquelles il y a dégagement de gaz et explosifs.	Les salles et leurs annexes avec conducteurs sous tubes vissés l'un dans l'autre (tubes sous acier).	Modèle étanche à l'eau	Avec armatures à boulons.
Autos-Garages.	Conducteurs avec couche de caoutchouc, sous tubes en fer plombé ou en acier.	Modèle étanche à l'eau	Avec armatures lampes baladeuses.
Brasseries, Distilleries et Machines agricoles.	Conducteurs avec couche de caoutchouc vulcanisé, imperméables aux vapeurs chargées d'acides, sur isolateurs cloches.	Modèle étanche à l'eau Interrupteurs en acier.	Avec armatures.

Frein de Prony.

P = Poids porté par le frein, y compris le poids du levier
        ramené à la distance L.

L = Longueur du bras de levier.

n = Nombre de tours par minute.

Te = Travail effectif en chevaux-vapeur par seconde.

$$Te = \frac{2\,\pi\;L\;Pn}{50 \times 76}$$

Puissance d'une Chute d'eau.

Voici comment on opère pour trouver la puissance d'un cours ou chute d'eau :

On localise la distance et cherche les surfaces latérales ; puis on détermine la vitesse.

Cette détermination de vitesse est obtenue en jetant un corps très léger dans l'eau (bouchon), lequel est amené avec le courant ; il suffit d'indiquer le temps mis par ce corps pour effectuer ce trajet.

Avec ces indications, on cherche la distance parcourue par seconde ; ce résultat multiplié par la surface latérale donne le volume ou quantité d'eau par seconde (prenant 1 litre d'eau = 1 Kg.).

Ce poids multiplié par la distance ou hauteur et divisé par 75 nous donne la puissance en HP.

$$75 \text{ Kgm} = 1 \text{ HP.}$$

Indications à mettre sur un Schéma (plan)
pour toute installation.

Mise à la terre.

Sûreté de tension de toute nature y compris le para-foudre

Génératrice ou moteur à courant continu avec bobinage d'excitation.

Alternateur ou moteur à courant triphasé avec excitation.

Transformateur.

Accumulateurs avec adjonteurs doubles.

Interrupteur rotatif avec indication de l'intensité du courant.

Interrupteur à Levier.

Interrupteur rotatif bipolaire pour 6 Ampères.

Commutateur unipolaire rotatif pour 10 Ampères.

Interrupteur à levier tripolaire avec boîte protectrice isolante.

Interrupteur automatique à maxima unipolaire.

Rhéostat réglable.

Rhéostat liquide.

Prise de courant.

Coupe-circuits.

Coupe-circuits tripolaire.

Ampèremètre.

Voltmètre.

Wattmètre.

Compteur.

Phasemètre.

Appareil pour essai d'isolément.

Indicateur de la direction de courant

Lampe fixe.

Lampe amovible.

Lustre avec indication du nombre de lampes.

Lampe à arc ou foyer de lumière de force semblable avec indication de l'intensité de courant.

Conducteur.

Trois conducteurs.

Conducteurs multiples.

Conducteur venant du haut.

Conducteur venant du bas.

Conducteur s'éloignant vers le haut.

Conducteur s'éloignant vers le bas.

B C	Fil de cuivre nu.
G B	Conducteur à ruban de caoutchouc.
G A	Conducteur à gaine de caoutchouc.
S G A	Conducteur spécial à gaine de caoutchouc avec indication de la tension.
P A	Conducteur cuirassé.
S A	Cordelière à gaine de caoutchouc.
F A	Fil pour adapter les lustres
P L	Cordelière pour suspension.
K B	Câble nu.
K A	Câble asphalté.
K E	Câble asphalté et armé.
o	Poteau en bois.
●	Poteau en fer.
(g)	Pose sur des cloches isolantes.
(r)	Pose sur des roulettes ou des anneaux.
(k)	Pose sur pinces.
(o)	Pose sous tubes.

Indications géographiques de quelques Villes.

VILLES	LONGITUDE	LATITUDE
Aix-la-Chapelle.	6° 6,0'	50° 47.0'
Amsterdam	4° 53.3'	52° 22.5'
Athènes	23° 43'	37° 58'
Berlin	13° 23' 44"	52° 30'•17"
Breslau	17° 2.2"	51° 6,9"
Buénos-Ayres	— 58° 22'	— 34° 16'
Berne	7° 26'	46° 57'
Bombay	72° 49'	18° 54'
Bonn	7° 6'	50° 44'
Bremen	8° 48'	53° 5'
Bruxelles.	4° 22'	50° 51'
Caire	31° 17.2'	30° 4.6'
Cap Bonne-Espérance. .	18° 28.7'	— 33° 56.1'
Cologne	6° 57.5'	50° 56.6'
Constantinople	28° 58'	41° 2'
Copenhague	12° 34.7'	55° 41.2'
Christiania	10° 43'	59° 55'
Cordoba	295° 48'	— 31° 25'
Dresden	13° 43.7'	51° 2.3'
Buda-Pest	19° 4'	47° 30'
Ferro	— 17° 39' 46"	27° 45.0'
Francfort à M.	8° 41.8'	50° 6.7'

Indications géographiques de quelques Villes (suite).

VILLES	LONGITUDE	LATITUDE
Florence.	11° 15'	43° 45'
Greenwich.	0° 0' 0"	51° 28' 38"
Gôttingen	9° 57'	51° 32'
Gotha	10° 43'	50° 57'
Graz	15° 27'	47° 5'
Hambourg.	9° 58,4'	53° 33.1'
Halle à S.	11° 58'	51° 29'
Heidelberg.	8° 43'	49° 24'
Innsbrück	11° 24'	47° 16'
Jena	11° 35'	50° 56'
Kônigsberg	20° 29.8'	54° 42.8'
Kiel	10° 9'	54° 20'
Leipzig	12° 23.5'	51° 20.1'
Lisbonne.	— 9° 11.2'	38° 42.5'
Londres	359° 54'	51° 31'
Madrid.	— 3° 41.3'	40° 24.5'
Melbourne	144° 58.5'	— 37° 49.9'
Moscou	37° 34.3'	55° 45.3'
Munich	11° 36.5'	48° 8.8'
Marseille	5° 24'	43° 18'
Mount-Hamilton	238° 21'	37° 20'
Naples	14° 15.4'	40° 51.8'

Indications géographiques de quelques villes (suite)

VILLES	LONGITUDE	LATITUDE
New-York	— 73° 59.2'	40° 43.8'
Nürnberg	14° 4.8'	49° 27.5'
Paris	2° 20' 13°5"	48° 50' 11"
Philadelphie	284° 50'	39° 57'
Prague	14° 25'	50° 5'
Pulkowa	30° 20'	59° 46'
Quito	281° 10'	— 0° 14'
Rome	12° 28.9'	41° 53.9'
Rio de Janeiro	— 43° 10.4'	— 22° 54.4'
St-Pétersbourg	30° 18.4'	59° 56.5'
San-Francisco	— 122° 25.7'	37° 47.5'
Stockholm	18° 3.5'	59° 20.6'
Strasbourg	7° 46,1'	48° 35.0'
Tokio	139° 44.5'	35° 39.3'
Trieste	13° 46'	45° 39'
Vienne	16° 20.4'	48° 13.9'
Washington	282° 56'	38° 55'
Zurich	8° 33'	47° 23'

ALPHABET MORSE

a	·—	n	—·	0	——————
à	·—·—	o	———	1	·————
b	—···	ö	———·	2	··———
c	—·—·	p	·——·	3	···——
d	—··	q	——·—	4	····—
e	·	r	·—·	5	·····
f	··—·	s	···	6	—····
g	——·	t	—	7	——···
h	····	u	··—	8	———··
ch	————	ü	··——	9	————·
i	··	v	···—		
j	·———	w	·——		
k	—·—	x	—··—	Point	······
l	·—··	y	—·——	Virgule	·—·—·—
m	——				

Table Alphabétique

A

I

Pages

IMPÉRIAL Wire gauge 63
INSTALLATION d'appartements et cafés 84-85
INTENSITÉ du coupe-circuit en Amp..................... 96
INTENSITÉ de courant correspondant à un nombre de
    chevaux 118-120
INDICATIONS pour l'Electrolyse 133
    —   géographiques de quelques villes 148-150

L

M

O

P

Q

R

U

V

W

99-23. — Imprimerie C. Longuet, 7 et 9, rue du Pont-aux-Choux, Paris.